미래 세대를 위한
과학 기술 문해력

미래 세대를 위한 과학 기술 문해력

제1판 제1쇄 발행일 2025년 3월 5일

글 _ 임완수, 배성호
기획 _ 책도둑(박정훈, 박정식, 김민호)
디자인 _ 이안디자인
펴낸이 _ 김은지
펴낸곳 _ 철수와영희
등록번호 _ 제319-2005-42호
주소 _ 서울시 마포구 월드컵로 65, 302호(망원동, 양경회관)
전화 _ 02) 332-0815
팩스 _ 02) 6003-1958
전자우편 _ chulsu815@hanmail.net

ISBN 979-11-7153-026-7 43500

철수와영희 출판사는 '어린이' 철수와 영희, '어른' 철수와 영희에게 도움 되는 책을 펴내기 위해 노력합니다.

미래 세대를 위한

과학 기술 문해력

글 | 임완수 · 배성호

철수와영희

과학 기술의 빛과 그림자

과학 기술은 인류에게 어떤 의미일까요? 인류는 과학 기술의 눈부신 발전 덕분에 세계는 물론이고 우주까지 직접 다닐 수 있게 되었습니다. 과학 기술은 인류에게 축복 같은 선물을 준 것 같습니다. 그러나 과학 기술은 동시에 인류에게 위협이 되기도 합니다. 여러분은 과학 기술에 대해 어떻게 생각하시나요?

스마트폰을 통해 함께 생각해 볼까요. 스마트폰은 언제부터 사용하였을까요? 놀랍게도 스마트폰의 역사는 오래되지 않았답니다. 2007년 애플에서 아이폰을 출시하면서 시작되었거든요. 이후 스마트폰은 우리 일상을 크게 바꾸어 놓았습니다. 스마트폰이 나오기 전에는 전화기가 주로 통화 기능 중심이었다면 스마트폰은 새로운 '소통'을 가능하게 해 주었습니다. 누군가는 무인도에 떨어져도 스마트폰만 있으면 된다고 할지도 모르겠어요. 그걸로 생존에 필요한 정보에 접근하고 커뮤니티를 만들어 외부 사람들과 소통하면 된다고 생각하니까요. 사실, 스마트폰의 기능은 크게 상관 없습니다. 우리가 스마트폰을 지금 어떻게 사용하고 있는지, 그리고 앞으로 어떻게 사용하면 좋을지를 깨닫는 것이 중요하답니다.

스마트폰은 이제 몸의 일부가 된 것 같습니다. 눈, 귀 그리고 두뇌의 역할을 하며 항상 우리와 함께 있습니다. 화장실에서도, 침실에서도, 식사할 때도, 일상생활 중 언제 어디서나 꺼내 쓰지요. 집 밖을 나서거나 여행을 갈 때는 필요한 정보를 찾아 줍니다. 스마트폰으로 정보를 검색하고, 친구들과 소통하며, 다양한 사진과 영상을 보고, 온라인 강의를 듣고, 여러 앱을 사용하면서 일상생활은 더욱 편리해졌습니다.

그러나 부작용도 있습니다. 언젠가부터 스마트폰이 없으면 불안하고, 불편합니다. 잠자기 직전까지 스마트폰을 들여다보니 푹 잠들지 못합니다. 필요 없는 정보를 너무 많이 접하고, 사생활을 너무 많이 노출하게 됩니다. 물론 개인이 조절하기 나름이라고 이야기할 수도 있지만, 그러기에는 중독 요소가 너무 많습니다. 사실 페이스북, 인스타그램, 틱톡 같은 에스앤에스(SNS)도 그렇습니다. 스마트폰은 우리에게 많은 편의를 제공하지만, 부작용도 큽니다.

우리는 과학 기술의 눈부신 발전을 경험하고 있습니다. 그 속도가 너무 빨라 새로 익히기도 쉽지 않습니다. 과학 기술은 인류에게 음식과 보금

자리를 제공하고, 많은 질병에서 해방시켜 주고, 여러 재해로부터 보호해 주었습니다. 하지만 항상 좋은 면만 있는 것은 아닙니다. 부작용이나 해로운 부분도 생겼습니다. 문제를 해결하고자 만들어진 과학 기술이 예상치 못한 결과를 낳기도 합니다.

지금 전 세계적으로 큰 화제가 되는 인공 지능은 미래 사회를 크게 바꾸어 놓을 것입니다. 인류에게 도움이 될 수도 있지만 어떤 부작용을 낳을지는 알 수 없어요. 인공 지능이 인류를 위협할지도 모른다는 우려는 우리에게 두 가지 중요한 질문을 던집니다.

첫째, 미래가 나쁜 방향으로 흘러갈 수 있다는 것을 알고 있음에도 왜 우리는 이를 제어하려 하지 않는가?

둘째, 인공 지능의 개발이 위험한 방향으로 나아가고 있다면, 왜 우리는 미래의 위험에 대비하여 제대로 행동하지 않는가?

이러한 질문에 대한 답은 복잡합니다. 그 이유는 각 개인과 국가가 본능적으로 이기적일 가능성이 크기 때문입니다. 개인과 국가는 자기 이익과 안보를 최우선으로 여기며, 장기적인 위험보다는 단기적인 이익을 추구하는 경향이 있습니다. 이런 상황에서는 인공 지능과 같은 강력한 과학 기술을 경쟁 수단으로 삼을 수 있으며, 이는 우리 삶을 위험한 쪽으로 이끌 수 있습니다. 대안을 찾으려면 과학 기술의 빛과 그림자를 모두 볼 수 있어야 합니다. 특히 미래 세대의 주인공인 청소년들이라면 더욱 그렇지요.

이 책에서는 현대 과학 기술의 빛과 그림자를 다채롭게 살펴보려고 합니다. 먼저, 과학 기술이 인류에게 어떤 유익을 가져다주는지 다양한 사례를 통해 살펴보고, 이를 통해 우리의 생활이 얼마나 편리하고 풍요로워졌는지 알아보려고 합니다. 또한, 과학 기술의 이용으로 생긴, 우리가 생각지 못했던 부정적인 측면도 함께 이야기해 보려 합니다. 이 과정을 통해 평화로운 미래를 함께 준비해 보면 좋겠습니다.

임완수 드림

차례

4. 모두를 위한 과학 기술이 답이다

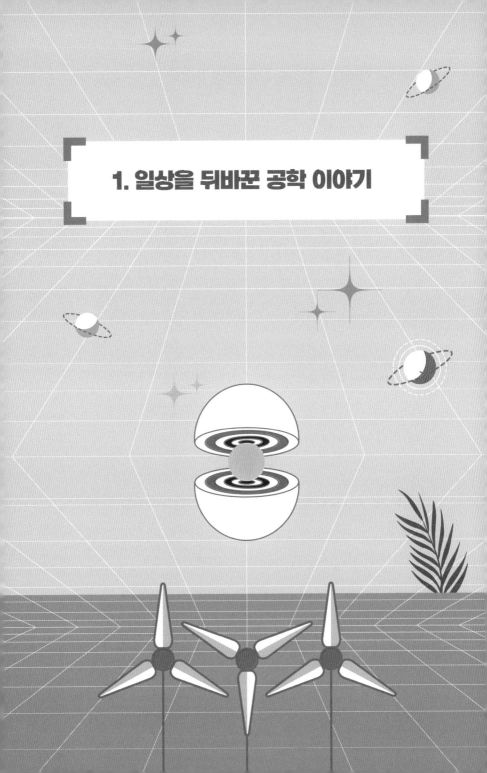

1. 일상을 뒤바꾼 공학 이야기

디지털 기술이 가져온 편리함의 이면

소셜 미디어의 등장과 소통 혁신

처음 소셜 미디어, 에스엔에스(Social Network Service, SNS)가 등장했을 때, 이 과학 기술은 사람들의 소통과 상호 작용에 큰 역할을 했습니다. 친구, 가족, 동료들은 물론 비즈니스, 학교, 연구 등 다양한 분야에서 사람들이 쉽게 연락할 수 있게 해 주었어요. 오늘날 소셜 미디어를 통해 사람들은 지리적 제한 없이 서로를 찾고 연결됩니다. 사진이나 일상을 공유하고 소식을 주고받습니다. 취미나 관심사가 같은 사람들끼리 온라인 커뮤니티를 형성하면서 정보와 경험을 나눕니다.

학교나 연구 환경에서도 소셜 미디어는 중요한 역할을 합니다. 학생과 교사가 학습 자료를 공유하고, 프로젝트에 협력하며, 토론을 진행할 수 있습니다. 연구자들은 연구 결과를 공유하고, 아이디어를 교환하며, 공동 연구의 기회를 갖기도 합니다.

다양한 소셜미디어 서비스들.

디지털 격차와 중독의 문제

이처럼 인터넷, 컴퓨터, 스마트폰의 발전은 우리 삶을 편리하게 합니다. 하지만 부작용도 적지 않아요. 그중 대표적인 게 바로 사생활 침해입니다. 개인 정보 유출, 사이버 공격, 불법 감시 등이 일어나고 있습니다. 맞춤형 광고를 예로 들어 볼까요? 검색이나 SNS를 하다 보면 광고가 뜹니다. 내가 필요한 것, 관심 있는 일 등을 용케 알아서 관련 상품이나 서비스를 보여 줘요. 처음에는 편리하게 느껴질 수도 있지만, 가끔은 걱정이 되기도 합니다. 개인 정보가 너무 많이 수집되고 사용되는 것 같아요. 이처럼 '맞춤형 광고'가 주는 편리함은 한편으로 사생활 보호에 대한 새로운 고민을 안겨 줍니다.

또 다른 문제는 '디지털 격차'입니다. 모든 사람이 인터넷과 스마트폰을 사용할 수 있는 것은 아닙니다. 코로나19로 사회적 거리 두기가 한창일 때 이야기입니다. 미국에서 인터넷으로 코로나19 백신 예약을 받았는데요, 일부 지역의 인터넷 접속이 원활하지 않아 사람들이 백신 예약에 어려움을 겪었습니다. 스마트폰이나 컴퓨터에 익숙하지 않은 노년층도 불편함을 겪었습니다. 인터넷이 발달하고 스마트폰 사용 비율이 높은 우리나라에도 디지털 격차 문제가 있습니다. 일례로 관공서나 은행 등 생활에 필수적인 인터넷 서비스에 접근하기 어려워하는 노년층이 많아지고 있어요.

디지털 기술은 사회적, 정서적 건강에 영향을 미칩니다. 스마트폰 중독, 사회적 고립, 온라인 괴롭힘(사이버불링) 같은 부작용이 사회 문제가 되고 있어요. 디지털 기술은 우리 삶에 많은 긍정적인 변화를 가져왔지만, 동시에 다양한 부작용이 존재합니다. 청소년들로서는 긍정적인 측면을 최대한 활용하고, 부정적인 영향을 최소화하는 방법을 배우고 이해하는 것이 중요합니다.

2023년 8월 21일 〈뉴욕 타임스〉에 흥미로운 기사가 실렸습니

생활필수품이 된 스마트폰.

다. 한 살 된 아이가 하루에 4시간 이상 스마트폰 화면에 노출될 경우, 의사소통과 문제 해결 능력 발달이 지연될 수 있다는 연구 결과를 알리는 내용이었습니다. 미국 의학 협회 소아과 저널에 실린 이 연구는 한 살인 아이가 스마트폰 화면에 과다 노출되었을 때 신체 발달은 물론 사회성 등에서 문제가 생겼다고 보고하고 있습니다. 어린 나이일수록 사람과의 대면 활동이 중요한 거예요.

연구는 일본 학자들이 수행했으며 약 8,000명의 아이와 양육자를 대상으로 했다고 합니다. 한편 양육자의 나이가 어리고 소득

및 가정 교육 수준이 낮은 경우, 산후 우울증을 겪는 경우 아이들이 스마트폰에 노출되는 시간이 더 많았습니다. 이는 스마트폰 화면 노출이 발달 지연의 직접적인 원인이라기보다는, 사람과의 상호 작용 시간을 상대적으로 줄어들게 함으로써 빚어진 결과일 수 있음을 시사합니다.

그렇다면 스마트폰의 부작용을 잘 알면서도 손에서 놓지 못하는 이유는 무엇일까요? 스마트폰은 우리에게 즉각적인 만족감을 주고, 정보와 소셜 네트워크에 쉽게 접근할 수 있게 해 줍니다. 또한, 다양한 앱과 부가 기능을 통해 심심할 때는 오락거리를 제공하고, 일상에 편리함을 더해 줍니다. 스마트폰이 가져다주는 편리함, 즉각적인 보상 시스템이 바로 중독의 원인이 됩니다.

생각과 시간을 빼앗는 스마트폰

온종일 스마트폰을 끼고 수시로 들여다본 경험이 있나요? 스마트폰을 보지 않으면 허전하고 무언가 놓친 것 같아 불안하다거나, 잠깐 보려고 했는데 몇 시간째 붙들고 있었다거나, 잠들기 전에 멍하니 스마트폰을 들여다보고 있는 자신을 발견한 적 있나요? 우연히 들어간 웹사이트에서 별것 아닌 내용을 의미 없이 반복해서 보는 자신이 한심하게 느껴진 적은 없나요?

다들 한 번쯤은 스마트폰 사용을 자제하려고 시도해 보았을 거예요. 스마트폰을 밖에 두고 잠자리에 들기도 하고, 책상 앞에 "소셜 미디어 절대 안 됨" 같은 글을 써 붙여 놓기도 했을 테지만, 실천은 정말 어려워요. 다른 누구도 아닌 바로 제 이야기입니다. 그럴 때면 나이 든 어른도 이렇게 힘든데, 어린아이들과 청소년들은 얼마나 힘들까? 하는 생각을 합니다.

현대 사회에서 스마트폰은 생활필수품이 되었습니다. 가볍고 작아서 휴대가 편한 까닭에 늘 함께하다 보니 나도 모르게 중독돼요. 많은 사람이 잠들기 전과 일어난 후에 스마트폰을 확인하는 습관이 있는데, 이는 수면 패턴을 교란시킬 수 있습니다. 화면에서 나오는 청색광(blue light)은 멜라토닌 호르몬 생성을 방해하여 잠들기 어렵게 해요. 이러한 습관은 장기적으로 수면 부족을 초래할 수 있습니다.

스마트폰 중독은 불안, 우울, 스트레스 증가와 같은 정신 건강 문제와 연결될 수 있습니다. 소셜 미디어의 자극은 다른 사람들과 자신을 비교하게 만들면서 심리적 압박을 증가시킬 수 있습니다. 시간 소모는 생산성을 떨어뜨리고, 집중력을 떨어뜨려 교통사고 같은 각종 안전사고 등을 유발합니다. 사람과 직접 소통할 기회가 줄어들면서 사회적 상호 작용이 감소하는 것도 문제이고요.

스마트폰 중독은 정신 건강, 대인 관계, 생산성 등 여러 측면에서 부정적인 영향을 미칠 수 있습니다. 따라서 스마트폰 사용을 적절히 관리하고, 필요시 전문적인 도움을 받는 것이 좋아요. 스마트폰은 우리의 삶을 편리하게 만들어 줍니다. 그만큼 현명한 사용이야말로 행복하고 건강한 삶을 유지하는 데 필수적입니다.

비상 계엄 선포 후 소셜 미디어의 활약

2024년 12월 3일, 저는 한국에 있었습니다. 미국 현지 시간에 맞춰 일을 처리해야 했기 때문에 낮에는 자고, 밤늦게 일하던 중이었어요. 그런데 저녁 10시 30분쯤, 갑자기 인터넷 신문과 제 페이스북에서 난리가 나기 시작했습니다. 한국에서 비상 계엄이 선포된 것입니다. 유튜브, 페이스북, 엑스(X.com, 구 트위터), 인스타그램 등 다양한 소셜 미디어를 통해 상황이 실시간으로 전해졌습니다. 야당 대표가 진행하는 현장 유튜브 방송에서 국회 담장을 넘는 모습을 생중계했고, 238만 명이 시청했다고 합니다. 또한 시민들에게 국회 앞으로 모여 시위에 동참할 것을 요청했고, 이 소식을 접한 많은 시민들이 국회 앞으로 몰려갔습니다.

소셜 미디어는 국민들에게 사건의 진행 상황을 실시간으로 전달하며 빠른 대응을 가능하게 했습니다. 만약 소셜 미디어가 없었다면, 국회의원들과 시민들이 이처럼 신속하게 대응하기는 어려웠을 것입니다.

12월 3일 이후에 다양한 집회가 이어졌고, 저는 12월 7일 여의도에서 열린 집회에 참석했습니다. 사람이 너무 많아 개방 화장실이 붐볐고 특히 여자 화장실 줄은 정말 길었습니다. 저는 커뮤니티 매핑(공동체 시민 지도)이라는 활동을 오랜 기간 해왔기에, 화장실 위치와 상황을 알리는 온라인 지도가 있다면 큰 도움이 되겠다는 생각에 바로 실행에 옮겼습니다(http://www.minjumap.com). 처음에는 서울시에서 제공하는 화장실 공공 데이터를 기반으로 지도를 만들었지만, 더 구체적으로 정보를 제공하기 위해 자원 봉사자들이 현장에서 스마트폰으로 사진을 찍고 화장실 정보를 실시간으로 업데이트했습니다.

그리고, 이 지도를 어떻게 하면 더 많은 사람들에게 알릴 수 있을지 고민했습니다. 저는 페이스북을 통해 홍보했지만, 큰 주목을 받지 못했습니다. 그러던 중, 기자들에게서 연락이 왔습니다. 어쩐

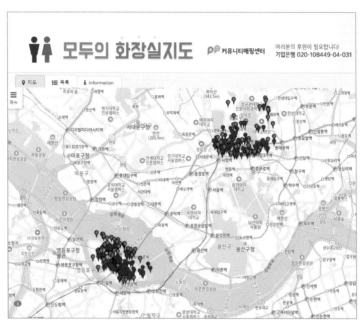

커뮤니티 매핑 센터가 만든 '모두의 화장실 지도'.

일인지 궁금해서 인터뷰를 하던 기자에게 물어보니, 제가 만든 사이트가 엑스(X.com)에 게시되었다는 겁니다. 확인해 보니, 어떤 분이 12월 10일에 관련 글을 올렸고, 그 글은 약 78만 5,000명이 읽었으며 2,300명이 리트윗(재공유)했더군요. 묻힐 뻔했던 이 화장실 지도 프로젝트가 소셜 미디어를 통해 널리 퍼지는 장면을 보면서 다시 한번 소셜 미디어의 강력한 영향력을 실감했습니다.

공감하지 못하는 사람들

스마트폰이 처음 나왔을 때만 해도, 지하철에서 스마트폰을 보는 사람들이 많지 않았어요. 지금은 거의 모든 사람이 스마트폰을 사용합니다. 음악을 듣기도 하고 게임을 하거나 예능 프로그램이나 영화를 봐요. 강의를 보는 사람도 있고, 가끔은 그냥 화면을 멍하니 바라보고 있는 사람도 있습니다.

식당이나 카페에서 사람을 만나도 스마트폰은 쉬지 않습니다. 분명히 친한 친구들끼리 모였는데도 대화 대신 스마트폰만 들여다보는 경우도 적지 않아요. 누군가 그러더군요. 바로 앞에 있는 사람과 메신저로 대화하는 중이라고요. 말 대신 메신저로 하는 게 편할 수도 있겠다 싶었습니다. 집에 함께 있으면서도 귀찮아서 메신저로 대화하는 가족도 있습니다. 대화 없는 대화라고 할까요, 스마트폰의 등장으로 생긴 이런 현상들은 다음의 몇 가지 부작용을 낳을 수 있습니다.

먼저, 대면 소통의 감소입니다. 사람들이 실제로 만나서 대화하는 시간이 줄어들면서, 서로 간의 깊은 유대감 형성이 어려워질 수 있습니다. 스마트폰에 지나치게 의존하면, 감정이나 생각을 나누고 이해할 경험이 부족해지면서 사회적 공감 능력이 저하될 위험이 있습니다.

다음으로, 비대면 소통의 증가로 인한 문제입니다. 때로는 문자 메시지나 소셜 미디어를 통한 소통이 대화보다 편할 수 있습니다. 하지만 이러한 비대면 소통 방식은 목소리의 톤, 뉘앙스나 표정 같은 비언어적 요소를 전달하지 못합니다. 오해가 생길 수 있고, 실제로 감정을 제대로 이해하지 못할 수도 있습니다.

마지막으로, 인간관계의 질적 저하입니다. 스마트폰에 몰두하면서 실제 인간관계에서 필요한 공감 능력과 대화 기술이 약화될 수 있습니다. 이는 장기적으로 인간관계의 질을 약화시킬 수 있습니다.

개인 정보와 프라이버시 문제

인터넷과 스마트폰을 이용하다 보면 개인 정보가 노출되는 일이 종종 발생합니다. 정상적인 사이트에 개인 정보를 올렸는데 그 사이트가 해킹당했다거나, 해커가 내 컴퓨터나 스마트폰에 불법적으로 접근해서 개인 정보를 훔쳐 가는 경우가 그렇습니다. 저도 해커에게 감쪽같이 속아 개인 정보를 넘길 뻔했던 적이 있습니다.

왜 이런 일이 자주 생길까요? 예전에는 개인 정보를 종이에 기록했고 컴퓨터에 저장했다 해도 서로 인터넷으로 연결되지 않았기 때문에 해킹이 어려웠습니다. 하지만 이제는 상황이 많이 달라졌습니다. 요즘은 노트나 개인 컴퓨터가 아닌 외부 저장소에 개인 정보가 담깁니다. 온라인 쇼핑몰이나 소셜 미디어에 가입할 때 우리가 써넣은 개인 정보들은 자사가 운용하는 서버에 보관됩니다. 우리가 수시로 외부와 접속하는 스마트폰에도 다양한 개인 정보가 담겨 있습니다. 그래서 개인 정보를 접근할 방법이 많아졌어요. 우리가 스스로 스마트폰으로 공개하는 정보들이 원하지 않는 사람들에게 노출되거나 악용될 수 있습니다. 이런 일을 막으려면 문제의 심각성을 이해하고 대처해야 합니다.

SNS는 현대 사회에서 다양한 역할을 합니다. 우리를 서로 연결해 주고, 새로운 정보를 제공하는 중요한 도구입니다. 하지만 한편으로는 SNS 사용이 편협한 생각을 조장하고, 두뇌 발달에 부정적인 영향을 미치며, '사이버 왕따'와 같은 문제를 일으킬 수 있습니다. 하나하나 살펴볼까요?

SNS의 부정적인 영향 중 하나가 편협한 생각의 조장입니다. SNS상에서는 생각이 비슷한 사람들끼리 모이기 쉽고, 그러면 다양한 의견에 노출될 기회가 줄어듭니다. 이는 편협한 생각을 강화하고, 정보의 다양성을 제한합니다. 또 하나의 문제는 두뇌의 잘못된 발달입니다. 특히 성장 단계에 있는 청소년의 경우, SNS 사용이 집중력을 떨어뜨리거나 인지 능력 발달에 부정적인 영향을 미칠 수 있습니다. 끊임없는 정보의 흐름과 짧은 주의 집중 시간이 두뇌 발달에 영향을 미치기 때문입니다.

사이버 왕따도 중요한 사회적 문제입니다. SNS상의 부적절한 소통이나 괴롭힘으로 심각한 정서적 상처를 입힐 수 있으며, 이는 특히 청소년들에게 큰 영향을 미칩니다. 또한, 유튜브와 같은 플랫폼에서는 정보의 편향 문제도 발생합니다. 사용 시간을 늘리려고 이용자의 취향에 맞는 콘텐츠를 선별적으로 제공하기 때문입니다. 그런데 자기가 선호하는 내용만을 계속해서 시청하면, 한정된 관점의 정보만을 접하면서 전체적인 시야가 좁아질 수 있습니다.

이를 예방하려면 SNS 사용을 적절하게 조절하는 것이 중요합니다. 다양한 관점의 정보를 접하려고 노력하고, 무엇보다도 SNS 사용 시간을 줄이면서 다른 생산적인 활동에 시간을 할애하는 것이 좋습니다. 건강한 SNS 소통법을 배우고, 사이버 왕따와 같은 문제에 대해 경각심을 높여야 합니다. 그러면 SNS의 긍정적인 면을 적극적으로 활용하면서 부정적인 영향을 최소화할 수 있습니다.

함께 생각해요!

- 디지털 격차란 무엇인가요? 우리 주변에서 사례를 찾아보세요.

- 소셜 미디어가 사람들의 의사소통에 미치는 영향은 무엇인가요?

- 인터넷과 스마트폰이 없다고 생각해 보세요. 우리의 생활이 어떻게 변해 있을까요?

첨단 교통수단이 가져온 변화

'자율 주행 차량' 하면 어떤 생각이 떠오르나요? 운전자가 없는 자율 주행 무인 택시가 미국에서 운행을 앞두고 있습니다. 미국뿐만 아니라 우리나라를 비롯해 전 세계적으로 자율 주행 차량을 개발하고 있습니다.

자율 주행 차량이 만들어지면서 오늘날 자동차의 개념은 과거와 많이 달라졌습니다. 이동이라는 기본적 기능에서 한 걸음 더 나아가 '이동의 질'이 중요해졌거든요. 얼마나 편하게 이동할 수 있는지, 차 안에서 얼마나 좋은 시간을 보낼 수 있는지를 따집니다. 이와 관련해 매년 다양한 과학 기술들이 선보이고 있어요. 사람이 직접 운전할 필요 없는 무인 자동차, 인공 지능 교통 시스템, 전기 자동차 등의 혁신은 정말 흥미롭습니다.

속도에서 편리성으로

교통수단 중에서 특히 드론이 주목받고 있어요. 비교적 최근에 등

전시장에 모습을 드러낸 첨단 드론.

장한 기기이지만 과학 기술 발전은 실로 놀랍기만 합니다. 제가 처음 가졌던 드론은 두 종류였어요. 하나는 영화 〈스타워즈〉에 나오는 우주 전투기 모형이었습니다. 갖고 싶은 마음에 몇 대를 사서 집에서 혼자 조종했습니다. 또 다른 하나는 공처럼 생긴 드론인데, 제스처 컨트롤(Gesture Control) 기술을 사용합니다. 별도의 조종 장치 없이 사용자의 손 모양을 인식하여 비행을 제어하는 방식입니다. 그전에는 드론이 그저 장난감인 줄만 알았습니다. 그런데 그 활용 분야가 계속 넓어지고 있어요. 드론을 타고 사람이 이동하고,

배달도 하고, 심지어 드론으로 축구도 합니다.

교통수단의 발달은 우리 생활을 크게 바꾸어 놓았습니다. 단순히 사람이나 물건을 목적지로 옮기는 것 이상이에요. 예를 들어, 우리는 바나나처럼 멀리 열대 지역에서 나는 과일을 마트에서 손쉽게 구할 수 있습니다. 커피, 밀가루, 식용유 등 우리가 매일 접하는 먹거리의 생산지 역시 우리나라와 멀리 떨어진 지역에서 생산된 것들이에요. 커다란 화물선과 컨테이너, 트럭, 철도 등 그동안 인류가 이룩한 교통수단의 발전 덕분입니다.

교통 기술의 발전은 전 세계에서 생산된 다양한 식품을 우리 식탁에 올릴 수 있게 했습니다. 예전에는 어땠을까요? 지금처럼 물류가 발달하기 전에는 외국의 과일이나 음식을 맛보려면 직접 그 나라에 가야 했습니다. 스마트폰 터치 한 번이면 장바구니에 담겨 집 앞까지 배송되는 지금과 비교하면 천지 차이에요.

교통수단의 발전은 의료 서비스 접근성도 높여줌으로써, 삶의 질을 높이는 데 기여합니다. 멀리 외곽 지역에 사는 사람들도 KTX나 고속버스를 타고, 혹은 직접 차를 타고 큰 병원이 있는 곳으로 와서 진료받을 수 있습니다. 걷거나 말을 타는 게 유일한 교통수단이던 과거에는 상상할 수도 없는 일이에요.

최근의 과학 기술 발전은 더욱 놀라운 혁신을 가져오고 있습니다. 무인 자동차와 AI가 운영하는 교통 시스템이 대표적입니다. 이러한 과학 기술들은 우리의 이동 방식을 완전히 뒤바꿀 잠재력을 가지고 있습니다. 무인 자동차는 사고 위험을 줄이고, 효율적인 교통 관리를 가능하게 할 것입니다. 인공 지능 기반 교통 시스템은 교통 체증을 줄이고, 도로 안전을 개선하는 데 큰 역할을 할 것으로 기대됩니다.

한편, 전기 자동차의 발전은 환경적 측면에서 중요한 의미가 있습니다. 화석 연료를 사용하는 전통적인 자동차는 온실가스를 배출합니다. 전기 자동차는 이러한 환경 오염 요인을 줄여 지속 가능한 미래를 설계하는 데 도움을 줍니다. 이러한 과학 기술들은 우리의 이동 방식뿐만 아니라, 환경과 건강에 대한 접근 방식에도 긍정적인 변화를 가져올 것입니다.

하지만 여기에도 해결해야 할 숙제가 있습니다. 예를 들어, 전기 자동차는 충전소가 많지 않아 사용이 불편합니다. 배터리 생산 과정에서 생기는 환경 오염 문제도 도전 과제로 남아 있습니다. 무인 자동차와 인공 지능 기반 교통 시스템 역시 안전성과 사생활 보호, 윤리적 문제 등 해결해야 할 문제들이 있습니다.

이동 수단의 과학 기술 발전은 인류에게 놀라운 혜택을 가져다주었으며, 오늘날 새로운 도전 과제를 제시하고 있습니다. 이러한 과학 기술의 유익함과 유해함을 균형 있게 살피고, 지속 가능한 발전을 위해 노력해야 합니다.

과학 기술 의존이라는 새로운 문제

2023년 말 넷플릭스에 공개된 영화 〈리브 더 월드 비하인드(Leave The World Behind)〉는 과학 기술 의존이 지닌 문제를 잘 보여 줍니다. 주인공 가족은 뉴욕의 혼잡한 도시를 떠나 자연 속에서 휴식을 취하려고 휴가를 떠납니다. 그런데 그곳에서 사이버 공격을 받으면서 이상 현상을 경험하고 큰 공포와 불안에 빠져요. 통신망과 전산망이 멈추면서 여러 사건이 일어나는데, 하늘을 날던 비행기들이 통제 불능 상태로 해변으로 추락합니다.

주인공 가족이 자동차를 타고 집으로 돌아가는 길에, 끝도 없이 길게 늘어서 있는 차들을 발견합니다. 그런데 공장에서 막 출고된 듯한 이 차들 안에는 운전자가 없었어요. 외부에서 온라인으로 조종이 가능한 자율 주행 자동차였어요. 해킹당한 차들이 계속해서 추돌 사고를 일으킵니다. 그 결과, 도로 전체가 마비돼요.

영화 〈리브 더 월드 비하인드〉에 등장하는 자율 주행 자동차 연쇄 추돌 장면.

최신 과학 기술이 오히려 혼란과 위기를 초래하는 이 장면은, 과학 기술 의존성에 대한 강력한 경고의 의미를 담고 있습니다. 자율 주행 자동차가 실제로 도로를 달리고 있는 요즘, 영화 속 장면이 예사롭지 않게 느껴집니다. 더 이상 공상 과학 영화에서만 등장하는 상황이 아닐 수도 있다는 생각이 들어요.

편리함이 건강을 해친다면

교통수단의 편리성은 사람들이 덜 움직이게 만듭니다. 걷거나 뛸 필요가 없으니까요. 편안하게 앉아서 혹은 누워서 목적지에 도착

합니다. 그런데 이는 비만과 같은 건강 문제를 유발할 수 있어요. 실제 미국에서는 많은 부모가 아이들의 안전을 우려해 차로 등·하교시키거나 스쿨버스를 이용하는 경우가 많습니다.

미국 질병통제예방센터(CDC)에서 발표한 연구에 따르면, 자가용으로 통학하는 학생들의 비만율이 걸어서 통학하는 학생들보다 훨씬 높습니다. 특히, 교외 지역에서 자가용을 주로 이용하는 학생들 사이에서 비만율이 급격히 증가했습니다. 이 연구는 교통수단의 편리함이 신체 활동을 줄이고, 이는 비만과 같은 건강 문제로 이어진다는 점을 보여 줍니다. 차량 이용의 증가로 일상적인 신체 활동이 줄어들면서, 비만 외에도 당뇨병, 고혈압, 심혈관 질환 등 다양한 생활 습관병의 위험이 증가합니다.

또한 교통수단의 증가는 우리가 생각하는 것 이상으로 다양한 환경 문제를 일으키고 있습니다. 자동차의 제작과 운영, 도로 관련 인프라 구축은 환경에 큰 부담을 줍니다. 도로와 주차장 공간을 확보하려고 자연환경을 파괴하거나 녹지 공간을 축소시킬 우려가 있습니다. 자동차는 질소 산화물, 일산화탄소, 이산화탄소, 미세먼지 등 다양한 오염 물질을 배출합니다. 이는 호흡기 질환, 심혈관 질환, 암 등의 건강 문제를 일으키며, 지구 온난화의 주요 원인이 되고 있습니다.

빠르고 효율적인 교통수단의 발전은 사람들의 활동 범위를 넓혔습니다. 여기에는 부작용이 따랐는데, 대표적인 것이 바로 질병의 확산입니다. 오늘날 감염병은 장거리 교통수단을 통해 빠르게 전 세계로 확산됩니다. 우리가 경험한 코로나19 바이러스가 대표적입니다. 비행기나 기차 같은 현대적인 교통수단이 없었다면 그렇게 빨리 전 세계로 확산되지는 않았을 겁니다. 그렇다고 해서 비행기나 열차를 이용하지 않을 수도 없어요. 현대인의 딜레마입니다. 교통은 우리 일상에 필수적인 부분이 되었고, 어떤 이유로든 이를 없애거나 이용을 금지하는 것은 불가능합니다. 그렇기에 현명하게 교통수단을 이용하면서도 감염병 확산을 최소화하는 방안을 모색해야 합니다. 위생 관리와 방역 체계를 강화하고, 비상 상황 시 빠르게 대응할 수 있는 국제적 협력 체계를 구축하는 노력을 통해 우리는 교통수단을 계속 이용하면서도, 감염병으로부터 우리 사회를 보호할 수 있을 것입니다.

전기 차, 과연 좋기만 할까?

사람들은 전기 차를 친환경적이라고 생각합니다. 화석 연료를 쓰는 내연 기관 차에 비해 탄소 배출이 없어 온실가스 우려가 없고 에너지 전환 효율도 높습니다. 내연 기관은 전체 에너지의 약 20%만을 동력으로 변환하지만, 전기 모터는 80% 이상을 차량의 동력으로 변환합니다. 유지비도 적고 소음도 없어서 인기가 높아요. 정부에서도 에너지 절약과 환경 보호 측면에서 효과가 있어 사용을 장려합니다.

그런데 여러분, 전기 차에도 여러 가지 해로운 점이 있다는 것을 아세요? 우선 초기 비용이 높다는 문제가 있습니다. 생산비가 많이 들어서 가격도 비싸요. 그리고 배터리 등 부품을 만드는 과정에서 많은 공해 물질이 배출된다고 합니다. 전기 차의 배터리는 무척 큽니다. 언뜻 생각하기에 전기 차가 내연 차보다 왠지 더 가볍고 빠를 것 같잖아요. 그런데 실제로는 전기 차가 훨씬 무거워요. 이유는 바로 탑재된 배터리 때문입니다.

무거워진 자동차는 건물에 영향을 미칠 수 있습니다. 제가 아는 어느 전문가는 전기 차의 무게 때문에 건물이 무너질 수도 있다고 경고합니다. 대형 전기 차의 경우 배터리 무게만 600킬로그램이 넘어간다고 하니, 그럴 수도 있겠다 싶어요. 주차장에 빼곡히 전기 차가 들어서 있다고 생각해 보세요. 물론 이는 아직 먼 미래에 있을 일입니다. 그때가 되면 배터리 효율도 높아지고 무게도 가벼워지지 않을까요? 과학 기술은 문제를 만들기도 하지만 스스로 해결책을 찾아가기도 하니까요.

함께 생각해요!

- **자율 주행 차와 일반 차량의 다른 점은 무엇인가요, 자율 주행 차에는 어떤 장단점이 있나요?**
- **교통수단의 발전이 우리의 건강에 미치는 장단점은 무엇일까요?**

2. 새로운 과학 기술의 두 얼굴

문명을 바꾼 농업 기술

여러분이 좋아하는 과일은 무엇인가요? 예전에는 계절에 따라 먹는 과일이 정해졌지만 이제 그 경계가 사라졌습니다.

지금은 아주 쉽게 구할 수 있고 값도 싸지만, 예전에는 바나나가 무척 귀한 과일이었습니다. 왜 그랬을까요? 상상이 잘 안 되겠지만, 그 시절 대한민국은 바나나를 사 먹지 못할 정도로 가난했습니다. 과일을 외국에서 수입해서 먹을 만큼 형편이 좋지 못했어요. 그런데 지금 여러분이 먹는 바나나는 원래 야생 바나나와는 많이 다르다는 것을 아시나요? 야생 바나나는 원래 크기도 작고 씨도 많습니다. 단맛도 덜했어요. 오랜 시간 동안 사람들이 선택적으로 번식시키면서 지금 시장이나 마트 등에서 파는 바나나가 되었습니다.

농업의 판도를 바꾼 화학 비료
현재 전 세계적으로 가장 많이 재배되는 바나나 품종은 캐번디시

단일 품종 대량 생산을 통해 우리 식탁에 오르는 바나나.

입니다. 병에 대한 저항력이 강하고 대량 생산이 가능해서 인기가 좋아요. 바나나가 이렇게 변해 온 과정을 보면 참 신기하지요? 이러한 발전에는 작물의 생산량을 늘리고 사람 입맛에 맞게끔 품종을 개량하는 기술, 즉 생명공학이 큰 역할을 했습니다.

농업 분야에서 생명 공학은 주로 작물의 품질과 수확량을 개선하는 데 초점을 맞추고 있습니다. 예를 들어, 유전자 변형 기술 (genetically modified organism, GMO)을 통해 병해충에 강한 작물을 개발하거나, 가뭄이나 염분 같은 환경적 스트레스에 잘 견디는 작물을 만들 수 있습니다. 이러한 기술 덕분에 농작물의 생산성이 크게 높아져, 더 많은 식량을 확보할 수 있게 되었습니다.

생명 공학은 환경친화적인 농법 개발에도 활용됩니다. 예를 들어, 토양 및 수질 오염을 줄이는 친환경 농법이나, 비료 사용을 최소화하면서도 높은 수확량을 얻을 수 있는 작물 개발 등이 있습니다. 식품 산업에서도 생명 공학 기술이 쓰입니다. 영양가가 높고, 맛있으며, 안전한 식품을 개발하는 데 쓰여요. 영양소를 강화한 식품이나 알레르기 반응을 줄인 식품 등이 해당됩니다.

인류 역사와 함께해 온 농업은 다양한 기술적 진화를 통해 오늘날의 형태를 띠게 되었습니다. 오랜 시간 동안, 인간은 더 효율적으로 농산물을 재배하기 위해 여러 방법을 개발했습니다. 작물을 교대로 재배하여 토양의 영양소를 유지하고, 토양의 특성에 맞는 씨앗이 수확량을 증가시키는 것처럼요. 또한, 물을 저장하고 운반하는 저수지와 같은 토목 기술의 발전 역시 농업에 큰 변화를 이끌었습니다.

20세기 초에 이르러, 화학 비료와 농약의 도입은 농업의 판도를 바꾸어 놓습니다. 화학 비료는 농작물의 생산성을 크게 높이고, 농약은 해충과 질병으로부터 식물을 보호하는 데 기여합니다.

비료는 농업에 없어서는 안 될 수단입니다. 식물에 필요한 영양소를 제공하고, 성장을 촉진하는 동시에 수확량을 늘립니다. 이는 농업의 생산성을 크게 향상시켰어요. 또한, 제품화된 화학 비료는 보관과 운반의 편리성 덕분에 농부들에게 인기가 있습니다.

그러나 화학 비료의 사용은 여러 부정적인 측면도 가지고 있습니다. 과도한 화학 비료 사용은 지하수 오염과 같은 환경 문제를 일으키거나 유기물 증가로 녹조 현상 등을 초래할 수 있습니다. 대기 중 질소 산화물 증가도 문제입니다. 화학 비료에 포함된 해로운 물질은 식물에 축적되어 인체에 해를 끼칠 수도 있습니다. 장기적으로는 토양의 생산성을 감소시켜, 농작물 수확량을 줄일 수도 있습니다. 이는 토지 황폐화를 가속화시키는 원인이 되기도 합니다.

화학 비료의 등장과 이를 통한 농업의 생산성 향상은 기아의 고통을 줄이는 데 도움을 주었습니다. 하지만 여전히 전 세계에는 굶주리는 사람들이 많습니다. 이는 식량의 부족보다는 정치적, 경제적 문제 때문이에요. 식량은 남아돌지만 제대로 분배되지 않아요. 이러한 상황은 농업 기술의 발전만큼이나 식량 분배의 공정성과 효율성 개선이 중요하다는 점을 일깨워 줍니다.

그런데 비료 생산 역시 편차가 큽니다. 일부 지역에는 쓰고 싶어도 쓸 수 없어요. 2023년 10월 15일자 〈뉴욕 타임스〉 기사에 따르면, 비료 공급에 문제가 생기면서 아프리카와 아시아 일부 지역에서 식량 가격이 상승하고, 이 때문에 영양실조 현상이 심해졌다고 합니다. 비료는 작물의 생산성을 높이는 데 필수적인 요소입니다. 특히, 아프리카처럼 이미 식량이 부족한 지역은 비료 공급 부족이 더 큰 타격을 줍니다. 가뜩이나 식량이 부족한 상황에서 비료 때문에 곡물 생산량이 떨어지면 가격이 오르고 그러면 저소득층에게 큰 부담이 됩니다. 영양실조와 같은 건강 문제로 이어져요.

전쟁도 전 세계 식량 공급에 영향을 미칩니다. 요즘은 식량을 수입해서 먹기 때문에, 주요 생산지에서 전쟁이 발발하면 가격이 상승하고 이 때문에 먹거리를 구할 수 없어 굶주리는 사람들이 생깁니다. 최근 우크라이나 - 러시아 전쟁이 좋은 예입니다. 우크라이나는 밀과 옥수수 등을 수출하는 주요 곡물 생산지입니다. 그런데 전쟁이 터지면서 가격이 오릅니다. 전 세계적인 식량 공급망에 차질을 빚게 하여 식량 부족 문제를 심화시킨 것입니다. 전쟁은 식량의 생산뿐만 아니라, 보급과 분배에도 큰 영향을 미칩니다. 생산지에서 벌어지는 전쟁과 같은 분쟁 사태 등은 식량 생산과 기아 문제에 영향을 미치는 요인들입니다.

이러한 문제들을 해결하려면 농업 기술 개발뿐만 아니라, 식량 분배의 공정성과 효율성을 높여야 합니다. 이는 우리가 직면한 식량 문제를 해결하고, 더 나은 미래를 만들기 위해 중요한 과제입니다.

칠레의 형형색색 감자 이야기

오늘날 유전적 다양성은 농업 분야에서 중요한 화제입니다. 이는 다양한 작물을 심어야 함에도 생산성을 늘리려고 특정 종만 재배함으로써 생기는 문제 때문입니다. 한번은 우연히 남미 칠레에서

칠레의 안데스 산지에서 재배되는 다양한 형태의 감자.

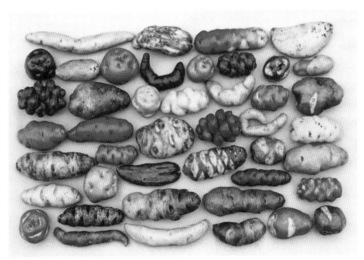

생산하는 다양한 감자 사진을 본 적이 있습니다. 정말 신기했습니다. 모양과 색깔이 무척 다양했고, 어떤 것은 너무 낯설어서 감자라고 믿기 어려울 정도였습니다.

감자는 남아메리카, 그중에서도 칠레가 원산지입니다. 칠레에서는 다양한 감자가 자랍니다. 이는 감자라는 종(種)이 각기 다른 환경 조건에 적응한 결과입니다. 크기, 모양, 색깔, 맛 등에서 차이가 있어요. 이러한 종 다양성은 특정 세균이나 바이러스로 모든 감자가 한꺼번에 멸종하는 사태를 방지해 줍니다. 어떤 감자는 취약하겠지만, 또 다른 감자는 면역이 있어 잘 자랄 수 있으니까요. 다양성은 하나의 종이 환경적 변화나 병해충에 잘 대처할 수 있게 도와줍니다. 어떤 감자는 극심한 추위에서도 잘 버티고, 또 어떤 감자는 가뭄에 강합니다. 유전적 다양성이 높을수록, 감자라는 농작물이 세계 여러 곳의 다양한 환경 조건에서 살아남을 가능성이 커집니다.

그렇다면 우리나라는 어떨까요? 칠레와 달리 대한민국에서 재배되는 감자의 종은 몇 개 되지 않습니다. 높은 생산성을 가진 특정 종의 감자만 재배하기 때문입니다. 수확량을 높이고 경제적 이익을 증대시키는 것에 초점을 두면서 생긴 현상입니다. 그 결과, 우리나라에서 감자의 유전적 다양성은 감소하게 되었습니다.

이는 단기적으로 생산량을 늘릴 수는 있겠으나, 장기적으로는 감자 농사를 위협합니다. 특정 종의 감자만 재배한다면, 이들 종에 치명적인 바이러스나, 기후 변화로 큰 피해를 보거나 심하면 멸종할지 모릅니다. 이는 감자에만 해당하지 않습니다. 유전적 다양성 감소는 식량 안보와 지속 가능한 농업에 심각한 위협이 될 수 있습니다. 따라서 유전적 다양성의 유지 및 보호는 미래 세대를 위해 필수적입니다.

바나나는 유전적 다양성과 관련하여 눈여겨보아야 할 작물입니다. 전 세계적으로 인기 있는 과일로 생산성 향상을 위한 연구가 많이 이루어졌습니다. 덕분에 일부 바나나 품종의 생산성이 크게 향상되었습니다. 하지만 이러한 성공 뒤에는 바나나의 유전적 다양성 감소라는 문제가 숨어 있습니다. 현재 전 세계적으로 소비되는 바나나는 대부분 '캐번디시종'입니다. 이러한 집중 재배는 바나나의 유전적 다양성을 심각하게 줄이는 결과를 초래했습니다. 이는 곧 바나나가 질병이나 기후 변화 같은 외부 요인에 적응하는 능력이 줄어든다는 것을 의미합니다.

실제로 바나나 산업은 과거에 이 문제로 심각한 위기에 처한

적이 있습니다. 1950년대에 주로 재배되던 바나나는 캐번디시종이 아니었습니다. '그로스 미셸'이라는 품종이었는데 그만 바나나 곰팡이병인 '파나마병'으로 멸종 위기에 처합니다. 그 후 선택된 품종이 바로 지금의 캐번디시예요. 당시 사건은 단일 종 재배가 얼마나 위험한지를 명확히 보여 줍니다. 현재 널리 재배되고 있는 캐번디시 바나나도 예외는 아닙니다. 언제 어떤 전염병이 퍼질지 몰라요. 그렇게 되면 바나나 산업은 큰 타격을 받을 수 있으며, 우리는 영영 바나나를 볼 수 없게 될지도 모릅니다.

따라서 작물의 유전적 다양성을 보존하는 것은 매우 중요합니다. 그러려면 다양한 품종을 장려하고 보호해야 해요. 유전적 다양성은 작물이 다양한 환경 조건과 병해충에 잘 적응할 수 있게 합니다. 이는 지속 가능한 농업과 식량 안보를 위해서라도 꼭 지켜져야 해요.

아보카도 농사로 물이 부족하다고요?

아보카도는 '숲속의 버터'라는 별명이 있을 정도로 불포화지방산이 풍부합니다. 이 밖에도 건강에 좋은 섬유질, 비타민, 미네랄이 많고 염증을 줄이는 데도 효과가 있다고 합니다.

세계인의 사랑을 받는 아보카도.

아보카도는 오늘날 특히 미국에서 사랑받는 과일입니다. 1988년에 제가 미국에서 살 때만 해도 지금 같은 인기는 없었습니다. 그러다가 2000년대 초반부터 점점 찾는 사람이 많아졌어요. 우리나라도 먹거리에 관심이 높아지고 웰빙 식품이 인기를 끌면서 최근 아보카도 소비가 늘고 있다고 합니다.

하지만 이러한 인기에는 그림자가 있습니다. 사람들이 많이 찾다 보니 수요를 맞추려고 아보카도 농사를 짓는 사람들이 늘어난 거예요. 또한 수확량이 많고 보관 및 운송이 쉬운 몇몇 품종 중심으로 재배한다고 합니다. 앞서 바나나처럼 유전적 다양성이 감소하고 있는 거예요. 더욱 심각한 문제는 아보카도 재배가 물 부족 현상을 심화시키고 있다는 점입니다.

아보카도는 재배하는 데 물이 많이 듭니다. 하나의 아보카도를 재배하기 위해서 성인 한 명이 약 6개월간 마실 수 있는 320리터의 물이 들어간다니, 상당한 양이지요. 그래서 아보카도 주요 생산지인 남미 국가들이 물 부족에 시달려요. 아보카도 농장에서 물을 끌어다 쓰는 바람에 지역 주민들이 고통을 겪는다고 합니다. 농업용수의 과도한 사용으로 지역 공동체의 일상생활에 필요한 물이 부족해진 거예요.

함께 생각해요!

- 화학 비료는 인류에게 어떤 문제를 해결해 주었으며, 그 부작용은 무엇인가요?
- 농업 과학자들은 유전적 다양성을 유지하기 위해 어떤 노력을 하고 있나요?
- 전쟁은 식량 생산에 어떤 영향을 끼치나요?
- 유전자 조작 작물이 자연 생태계에 미치는 영향은 무엇인가요?

대량 생산을 넘어 지속 가능한 축산업으로

동물이 행복해야 인간이 행복하다는 말은 무슨 뜻일까요? 사실 지금 가축들은 공장 같은 시설에서 키워지고 있습니다. 이와 같은 공장식 대규모 사육과 생명 공학 기술로 오늘날 많은 사육장들은 한꺼번에 많은 수의 닭, 소, 돼지를 키워서 비용을 절약하고 있습니다. 그렇게 생산 단가를 낮춰서(지금의 가격으로) 소비자에게 육류와 달걀을 제공할 수 있습니다. 대규모 사육 방식은 동물들의 성장을 촉진하여 생산성을 극대화합니다. 온도, 습도, 조명 등을 조절하여 동물들의 살을 찌우거나 알을 많이 낳을 수 있는 최적의 상태로 만들고, 사료의 질을 관리해 영양의 균형을 맞춥니다.

또한, 토지와 자원을 효율적으로 사용합니다. 세계적으로 농업용 토지가 점차 줄어드는 상황에서, 제한된 공간에서 최대한 많은 수의 동물을 키워요. 물을 재활용하는 급수 시스템 등으로 자원의 낭비를 줄입니다. 이는 생산성을 높여 이윤을 최대화하는 방식입니다.

대규모 사육은 시장에 안정적인 공급을 보장합니다. 일정한 생산량을 유지함으로써, 소비자가 계절과 상관없이 일정한 가격과 품질의 육류, 우유, 달걀을 살 수 있어요. 그러나 이러한 효율성이 과연 우리에게 이득만을 가져올까요? 부작용은 없을까요? 사육은 사람을 위한 것입니다. 싼값에 많은 고기를 얻으려는 목적이에요. 하지만 이는 동물 학대와 환경 파괴, 각종 감염병 등을 불러옵니다.

집중 사육 농장 이야기

대규모 사육은 많은 수의 가축을 비교적 좁은 공간에서 사육하는 대규모 농장에서 이루어집니다. 이러한 사육 시설은 효율적인 사료 공급, 관리, 그리고 축산물의 대량 생산을 위해 설계되었습니다. 집중 동물 사육 시설은 현대 농업과 축산업에서 중요한 역할을 하고 있지만, 동시에 다양한 환경적 문제를 일으키는 주요 원인 중 하나로 지적되고 있습니다. 왜 그런지 한번 알아볼까요?

전통적으로 닭, 소, 돼지는 각 농가에서 키웠습니다. 이렇게 동물을 작은 단위로 키우면 배설물 등이 자연에서 흡수되어 환경에 큰 문제가 생기지 않습니다. 하지만 이런 방식은 생산성이 높지는 않죠. 그래서 공장형 축산 산업이 생겨났습니다. 닭, 소, 돼지를 수만 마리씩 함께 키우는 것이지요.

요즘 수천, 수만 마리씩 키우는 축산 산업은 하루에 나오는 배설물만 몇 톤이 넘는다고 합니다. 이런 배설물이 정화 처리되지 않고 그대로 땅이나 물로 흘러든다고 생각해 보세요. 아마 주변 환경과 생태계는 곧 황폐해질 겁니다. 동물의 분뇨에 포함된 질소와 인 같은 성분은 수질을 악화시키고 영양물질 과다로 유해 조류(藻類)를 증식시켜 수중 생태계에 나쁜 영향을 미칩니다. 물고기나 기타 수중 생물의 서식지를 파괴하고, 물고기가 살아가는 데 필요한 수중 산소를 감소시켜요.

축사 시설은 법이 정한 기준에 맞게끔 정화 시설을 설치하여 오염 물질을 관리해야 하지만, 이를 지키지 않거나 갑자기 많은 비가 내리는 바람에 하천으로 흘러들기도 합니다. 그래서 이를 감시하는 시민 단체들이 있습니다. 저 역시 미국에 있으면서 아이다호주, 노스캐롤라이나주에 있는 수자원 보호 단체 등의 활동을 도운 경험이 있습니다.

집단 사육장의 사육 환경은 매우 열악합니다. 동물들은 비좁은 공간에서 생활합니다. 자연 상태에서의 자연스러운 행동을 제한받으면서 신체적·정신적 스트레스를 받습니다. 예를 들어, 닭들은 본능적으로 깃털을 정리하거나 둥지를 트는 행동을 합니다. 하지만 집단 사육장에서는 환경적 제약으로 이러한 행동을 할 수 없습니다. 스트레스를 받은 닭들은 서로를 쪼는 등의 공격적인 행동을 보이기도 합니다.

소나 돼지와 같은 동물들도 비좁은 곳에서 성장하기는 마찬가지입니다. 이들은 자연스럽게 뛰어노는 것을 좋아하지만, 제한된 공간에서는 이러한 본능적인 활동을 할 수 없습니다. 이러한 사육 환경은 동물들의 복지를 심각하게 저해합니다. 동물들은 스트레스로 건강 문제를 겪을 수 있으며, 이는 축산물의 질에도 영향을 미칩니다. 이러한 사육 방식은 동물권과 관련하여 윤리적 문제를 불러옵니다. 동물들이 고통받지 않고 자연스러운 생활을 할 수 있는 환경을 제공하는 것은 우리 사회의 중요한 책임 중 하나입니다.

질병의 확산과 항생제 오남용

우리는 식탁에 오른 고기를 소비할 뿐 이들이 길러진 환경에는 무관심합니다. 집단 사육장에서 무슨 일이 생기는지 아는 사람은 드물어요. 그저 비좁은 공간에서 집단적으로 사육된다는 것 정도로

자연 친화적인 염소 사육 장면.

돼지를 키우는 집단 사육장.

만 알고 있습니다. 이런 환경은 감염병에 취약합니다. 건강이 나빠진 동물 중 하나가 병에 걸리면, 금세 퍼져요. 그래서 농장주들은 동물들 몸에 항생제를 주입합니다.

항생제는 병균을 죽이거나 성장을 억제하는 약물입니다. 우리도 세균에 감염되거나 하면 병원에서 항생제 처방을 받아요. 병을 치료하는 데 아주 중요한 역할을 합니다. 그런데 이 항생제가 너무 많이 사용되면 문제가 발생할 수 있어요. 바로 '항생제 내성'이라는 현상이에요. 병균들이 항생제에 적응해서 더는 죽거나 약해지지 않아요. 약이 잘 듣지 않게 되는 것입니다. 이러면 치료가 어려워집니다. 따라서 사용량을 적절하게 조절해야 해요. 한편 과학자들은 항생제 효과가 없는 병균을 없애기 위해 새로운 항생제를 개발하거나, 기존 항생제를 적절히 사용하는 방법을 연구하고 있습니다.

우리 몸에 쌓이는 유해 물질

집단 사육장에서 사용되는 항생제, 호르몬, 성장 촉진제 등은 동물들에게만 나쁜 게 아니에요. 우리 몸에도 좋지 않습니다. 육류나 유제품에 남은 유해 물질이 우리 몸에 축적되면 건강 문제를 일으킬 수 있어요. 항생제가 남아 있는 고기나 우유를 먹으면, 우리 몸도 그 항생제에 익숙해져 나중에 감염병을 치료할 때 약이 잘 안 들을 수 있어요.

호르몬이나 성장 촉진제도 마찬가지입니다. 이러한 물질들이 남아 있는 식품을 먹으면, 우리 몸에서도 이상 반응이 일어날 수 있습니다. 특히 어린이나 임산부는 더 민감하게 반응할 수 있어요. 태아와 어린이의 성장과 발달에 영향을 미칠 수 있습니다. 이처럼 집단 사육장은 동물은 물론 인간의 건강에도 해로운 측면이 있습니다. 농업과 축산업의 지속 가능성을 확보하려면 이 문제를 해결해야 해요. 이를 위해서라도 동물 복지, 환경 보호, 인간 건강을 고려한 새로운 사육 방식의 개발과 정책적 지원이 필요합니다.

꿈꾸는 동물, 문어

동물에 관해 생각할 때면 항상 머릿속에 떠오르는 것이 있습니다. 바로 문어 이야기인데요. 문어는 해양 동물 중에서도 특히 지능이 높은 것으로 알려져 있습니다. 놀랍게도 이들은 복잡한 문제를 해결하고, 도구를 사용하는 능력을 보여 줍니다. 예를 들어, 문어는 병 안에 있는 먹이를 얻기 위해 뚜껑을 여는 방법을 배울 수 있습니다. 자신의 피부색을 바꾸어 환경에 맞게 위장하고, 심지어는 다른 해양 동물들의 모습을 흉내 내기도 합니다. 이러한 행동은 문어가 주변 환경을 인식하고, 복잡한 생각을 할 수 있다는 것을 보여 줍니다.

최근 연구에 따르면, 문어도 꿈을 꾼다는 가설이 제기되었습니다. 이는 수면 중에 문어가 다양한 색깔 변화를 보이는 것에서 유추할 수 있습니다. 문어가 렘(REM)수면 단계에 있을 때 발생하는 현상으로, 포유류의 렘수면과 유사합니다. 사람은 이때 안구가 빨

꿈꾸는 동물, 문어.

리 움직이고 꿈을 꿀 때가 많아요.

또한, 문어가 고통을 느낄 수 있는지에 관한 연구도 진행되고 있습니다. 문어는 중추 신경계와 복잡한 뇌 구조를 가지고 있어서, 고통을 인식하고 처리할 능력이 있다고 합니다. 실제로 불쾌한 자극을 받았을 때 문어가 보이는 행동 반응은 그들이 고통을 인지하고 있다는 것을 보여 줍니다.

우리와 대화는 못 하지만, 문어가 지능이 있고 고통을 느낄 수 있다는 사실을 알고 나서부터는 문어나 낙지가 들어가는 요리를 볼 때마다 다시 한번 이를 곱씹게 됩니다. 만약 우리가 동물과 대화할 수 있다면 어떨까요? 동물들의 고통을 이해할 수 있다면, 집단 사육이나 마구잡이 포획이 줄어들 수 있을까요? 이와 관련해 캘리포니아에 있는 과학자들의 연구는 무척 흥미롭습니다. 그들은 인공 지능을 사용하여 동물과 소통을 하려고 합니다. 벌레부터 고래에 이르기까지 대상도 무척 넓습니다. 모든 종류의 동물과 커뮤니케이션을 시도하는 것입니다.

지구 종 프로젝트(Earth Species Project)로 이름 붙여진 이 계획은 동물이 사용하는 소리나 신호를 인간이 이해할 수 있는 형태로 번역하는 것을 목표로 합니다. 동물과의 대화는 매우 복잡합니다.

동물의 커뮤니케이션은 그들만의 특별한 방식과 맥락을 가지고 있으며, 이를 정확히 이해하고 번역하는 것은 쉬운 일이 아닙니다. 그만큼 많은 난관이 있을 수 있다는 이야기예요.

그럼에도 이 연구가 중요한 이유는 무엇일까요? 이것이 우리가 동물을 이해하고, 그들과 더 깊은 관계를 맺는 데 도움을 줄 수 있기 때문입니다. 또한, 이는 동물 보호와 환경 보존에도 중요한 역할을 할 수 있습니다. 인공 지능을 통해 동물의 언어를 이해한다면, 우리는 동물의 요구와 감정을 더 잘 파악할 수 있을 것입니다. 이러한 이해는 동물과 인간이 공존하는 세계를 만드는 데 중요한 역할을 할 수 있습니다.

하지만 이 프로젝트는 시작 단계에 불과합니다. 연구자들은 동물의 소통을 정확히 해석하는 데 필요한 많은 데이터와 연구를 수행해야 합니다. 이 프로젝트의 성공 여부는 아직 미지수이지만, 이러한 연구는 과학과 기술이 어떻게 자연과의 상호 작용을 개선할 수 있는지 보여 주는 흥미로운 사례입니다.

문득, 이런 상상을 해 봅니다. 바닷가 횟집의 수족관에 있는 문어와 눈이 마주칩니다. 문어가 제게 뭐라고 이야기하는 듯합니다. "이봐, 바다의 진짜 비밀을 알고 싶어? 바다 밑바닥엔 말이야…"

우리가 동물과 대화할 수 있다면, 이는 단순히 새로운 과학 기술의 발전을 넘어, 인간과 자연의 관계를 근본적으로 변화시킬 수 있는 중대한 사건이 될 것입니다.

함께 생각해요!

- 우리가 소, 돼지 그리고 닭 같은 가축들과 대화할 수 있게 된다면 우리 식생활은 어떻게 변할까요?
- 공장식 축산의 장점과 단점은 뭔가요?

유전자 기술의 혁신과 윤리

'유전자 기술'하면 어떤 생각이 떠오르나요? 유전자 기술로 질병을 치료하고, 농작물의 생산성을 높이며, 심지어는 멸종 위기에 처한 종을 보호할 수도 있습니다. 유전자 기술은 과학 기술의 발전이 우리의 건강과 환경에 얼마나 큰 영향을 미치는지 잘 보여 줍니다.

유전자 기술은 매우 혁신적인 과학 분야로, 우리 삶에 여러 가지 유익한 변화를 가져올 수 있습니다. 이 기술을 이해하려면 우선 유전자가 무엇인지 알아야 합니다. 유전자는 우리 몸의 모든 세포에 있는 디엔에이(DNA) 일부로, 외모는 물론 특정 질병에 걸릴 위험성까지 결정합니다. 유전자 기술을 활용하면 많은 유전 질환, 암, 그리고 희소병들을 치료하거나 예방할 수 있습니다. 예를 들어, 어떤 사람이 특정 유전 질환을 가지고 태어났다면, 손상된 유전자를 건강한 유전자로 바꾸어 질병을 치료합니다. 우리 몸의 '생명 코드'인 DNA를 수정하는 것으로, 컴퓨터 프로그램에서 오류를 찾아 수정하는 것과 비슷합니다.

첨단 과학 기술로 난치병을 정복하다

선천적인 질병으로 고생하는 사람들이 적지 않습니다. 이런 분들은 태어나서 평생 질병에 대한 두려움과 함께 살아가야 합니다. 미신이 많았던 과거에는 선천적인 질병을 오해해서 천벌을 받았다고 여기는 경우도 많았습니다. 오히려 고통받는 사람에게 원인을 돌렸어요. 하지만 이제는 과학의 발전 덕분에 원인을 알 수 있게 되었습니다. 병의 원인을 점점 더 자세히 알게 되면서 예방과 치료법도 찾아내고 있습니다.

유명한 미국 영화배우 안젤리나 졸리는 유전자 검사를 받고 나서 자신에게 암 억제 유전자인 BRCA1(Breast cancer type 1) 유전자에 변이가 있음을 알게 되었다고 합니다. 이는 유방암과 난소암 발병 위험을 크게 높이는 요인 중 하나랍니다. 그래서 이 검사 결과를 고려하여

유전자 변이를 발견하고 절제술을 시행한 안젤리나 졸리.

유방 절제술과 난소·난관 절제술을 했습니다. 안젤리나 졸리의 이런 의료적 결정은 유전적인 질환의 예방적 접근 방식을 대중에게 알리고, 유전자 검사와 예방 수술에 대한 인식을 높였습니다.

코로나19 백신도 유전자 기술을 활용해서 만들어졌습니다. 이 백신은 메신저 RNA(mRNA) 또는 DNA 기술을 사용합니다. 이는 천연두 백신처럼 바이러스 일부를 직접 몸에 주입하여 항체를 만들어내는 방식이 아닙니다. 유전자 정보를 사용하여 바이러스에 대한 면역 반응을 유도하는 식으로 작동해요. 이렇게 유전자 정보를 이용한 백신 개발은 다른 질병 치료에도 큰 영향을 미칠 것입니다.

유전 질환은 매우 다양하며, 우리 몸의 여러 부분에 영향을 미칩니다. 이러한 질병에 관한 연구가 계속 진행되고 있어요. 현대 의료 과학 기술은 유전 질환에 대한 이해를 높이고 새로운 치료법을 개발하기 위해 노력하고 있습니다.

신의 영역으로 들어간 인간

유전자 조작은 생물의 유전자를 인위적으로 변경하는 기술을 말합니다. 이는 발전 가능성이 큰 동시에 여러 부정적인 측면이 있습니다. 인류는 유전자를 이해하기 위해 대규모 국제 연구 프로젝트를 진행합니다. 바로 인간 게놈 프로젝트(Human Genome Project)입니다.

인간의 유전자 지도를 이해하기 위한 이 프로젝트에 투자된 초기 자금만 약 30억 달러(한국 돈으로 약 4조 원)라고 합니다. 그 결과 인간 유전자 정보의 상당 부분을 해석하는 데 성공해요. 지금은 기술이 발달하여 몇십만 원이면 개인 유전자를 해독할 수 있습니다.

유전자 해독 비용이 급격히 줄어들면서 다양한 현상이 생겼습니다. 과학자들이 더 많은 연구를 수행할 수 있게 되어 질병 치료와 예방에 큰 도움을 받았습니다. 또한, 개인화된 맞춤형 의료로 치료 효과를 높이고 부작용을 줄일 수 있습니다.

반면, 부정적인 면도 있습니다. 유전자 정보는 매우 민감해서 유출되면 큰 피해를 볼 수 있어요. 유전적 차별의 가능성도 있습니다. 예를 들어, 보험에 가입하거나 취업할 때 특정 유전자를 가진 사람을 배제할지도 모릅니다. 이처럼 유전자 해독 기술의 발전은 윤리적·사회적 문제를 불러옵니다.

과학 기술이 불러온 사회적 불평등

유전자 조작은 '자연의 질서'를 인위적으로 바꾸는 기술입니다. 이는 '인간이 신의 영역에 간섭하는 것이 아닌가?' 하는 윤리적 의문을 불러일으킵니다. 인간에 대한 유전자 조작은 더 큰 논란을 초래합니다. 예를 들어, 유전자를 조작하여 특정한 특성을 가진 아이를 '만드는' 것은 자연스러운 인간의 탄생과 성장 과정을 왜곡하는 것이 아닐까요?

유전자 조작은 질병을 치료하는 목적을 넘어서, 사람의 능력을 향상하는 데 사용될 수 있습니다. 예를 들어, 더 높은 지능이나 특별한 체력과 같은 특성을 갖도록 유전자를 변경할 수 있죠. 바로 '슈퍼 휴먼'의 탄생입니다. 인간의 약점을 극복하고 강인한 인간이 되는 게 무슨 문제냐고 생각할 수 있겠지만, 이런 기술이 현실화된다면 차별이 생길 가능성이 큽니다. 즉, 경제적으로 여유가 있는 사람들만 슈퍼 휴먼이 될 수 있다는 점입니다.

이런 기술을 일부 사람들만 이용 가능하다면, 사회적 불평등이 더욱 심화될 수 있습니다. 이처럼 유전자 기술은 우리에게 많은 가능성을 열어 주지만, 동시에 신중하게 접근해야 하는 중요한 윤리적 문제들을 안고 있습니다.

유전자 기술은 안전한가?

유전자 조작은 매우 복잡하고 민감한 과학적 작업입니다. 과학자들은 질병을 치료하거나 농작물을 개선하기 위해 유전자 변형을 연구합니다. 그런데 유전자 조작 기술은 아직 불완전합니다. 따라서 안정성도 잘 살펴보아야 해요. 특정 유전자를 변형시켰을 때, 혹은 원치 않는 유전자 변이가 일어났을 때, 어떤 결과가 나올지 몰라요. 재앙으로 이어질 가능성도 있습니다.

예를 들어, 어떤 질병을 치료하려고 유전자를 바꾸었더니 다른 질병에 취약해지는 결과를 낳을 수 있습니다. 또, 식물이나 동물의 유전자를 변경하면, 그 변화가 자연 생태계에 나쁜 영향을 끼칠 수도 있어요. 생태계는 복잡하게 얽혀 있으면서 상호 강한 영향을 주고받기 때문입니다. 이러한 모든 측면을 인간이 예측할 수는 없어요.

유전자 조작은 인간의 자연스러운 발달과 진화 과정을 방해할 수 있으며, 장기적으로 인류에게 어떤 영향을 미칠지 알 수 없습니다. 결국, 유전자 조작 기술은 많은 윤리적·사회적 문제를 일으킬 수 있기에, 여러 안전장치를 만들면서 신중하게 접근해야 하는 분야입니다.

차별 없는 과학 기술, 안전한 세계

지구상에는 여러 인종이 함께 살아갑니다. 그런데 그 역사를 살펴보면, 흑인이 인류의 조상 격이에요. 인류는 아프리카에서 시작되었고, 이후 사람들이 전 세계로 뻗어 나간 거예요. 그래서 흑인들의 유전자 풀은 세계에서 가장 다양하다고 할 수 있습니다. 과학적 연구가 이를 뒷받침해요. 하지만 현재 많은 신약 개발과 의학 연구는 주로 백인의 유전자를 기반으로 이루어지고 있습니다. 그래서 다른 인종, 특히 흑인들에게는 부작용이 더 많을 수 있습니다. 아시아 인종인 한국인도 예외는 아니겠지요?

이런 이유로, 최근에는 유색 인종의 유전자를 연구하고, 이들의 건강에 더 잘 맞는 치료법을 개발하려는 노력이 증가하고 있습니다. 이는 차별 없이 모든 사람의 건강을 개선하고 의학 연구의 다양성을 높이는 중요한 단계입니다. 펀딩을 받아 연구하고 있는 '모두를 위한 우리(All of Us)'라는 프로그램도 이와 같은 취지입니다. 미국 국립보건원(NIH)이 시작한 이 프로그램은 미국 전역에서 100만 명 이상의 사람을 모아 다양한 건강 데이터베이스를 만드는 것이 목적입니다.

참가자들은 다양한 인종, 나이, 지역으로 구성되어 있습니다.

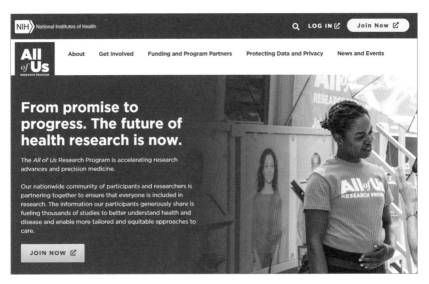

'모두를 위한 우리(All of Us)' 웹사이트.

이들의 건강 정보를 통해 연구자들은 우리 몸과 생활 방식, 그리고 환경이 어떻게 건강에 영향을 미치는지 알아볼 수 있습니다. 이 정보는 나중에 질병을 치료하고 예방하는 데 큰 도움이 될 것입니다.

사람은 개인의 환경, 생활 방식, 가족력 그리고 유전적 구성이 천차만별입니다. 그럼에도 과거에는 많은 연구에서 특정 집단이 빠져 있었어요. 연구자들은 그들의 건강에 대해 잘 알지 못했습니다. '모두를 위한 우리' 프로그램은 이러한 문제를 해결하려고 합니다. 다양한 배경을 가진 사람들을 위한 맞춤형 의료를 제공하려는 거예요. 이를 통해 더 많은 사람이 자신에게 맞는 치료를 받을 수 있게 되고, 건강 관리 비용도 줄일 수 있습니다.

또한, 이 프로그램은 과거에 연구에 참여하지 못했던 커뮤니티를 적극적으로 초대하고, 참여하는 모든 사람에게 연구 내용을 잘 설명하고, 데이터를 안전하게 보호하겠다는 약속을 합니다. 그럼으로써 '모두를 위한 우리' 프로그램은 더 많은 사람에게 의료 연구 발전의 혜택이 돌아가도록 돕고 있습니다.

미국 메해리 의과 대학은 코로나19 치료제 개발로 유명해진 리제네론이라는 회사와 함께 '함께하는 변화(Together for CHANGE)'라는 프로그램을 시작했습니다. 이는 아프리카인 조상을 가진 사람들의 건강에 대해 더 많이 알아보려는 것입니다. 이를 위해, 대규모 유전자 연구 데이터베이스를 만들 계획입니다. 여기에는 약 50만 명의 자원봉사자들로부터 수집된 유전자 정보가 포함될 거예요.

또한 이 프로그램은 과학·기술·공학·수학 분야에서 다양한 배경을 가진 사람들의 참여를 증가시키려고 합니다. 과학자들은 소수 민족을 조상으로 둔 사람들의 건강 문제를 더 잘 이해하고, 그들에게 더 좋은 치료 방법을 찾을 수 있게 됩니다.

함께 생각해요!

- 유전자 기술이 불러올 차별과 불평등에는 무엇이 있을까요?

- 유전자 기술이 모든 사람에게 유용하게 쓰이려면 어떤 노력이 필요할까요?

- 유전자 기술은 왜 위험한가요?

과학 기술과 의학의 만남

병원에서는 다양한 검사를 합니다. 첨단 의료 장비 덕분에 이전에는 찾지 못했던 질병의 원인을 찾고 고칠 수 있게 되었어요. 엠알아이(MRI, 자기 공명 영상), 시티(CT, 컴퓨터 단층 촬영), 엑스레이(X-ray), 피이티(PET, 양전자 방출 단층 촬영) 같은 과학 기술의 발전은 의료 분야에서 큰 변화를 가져왔습니다. 이러한 과학 기술 덕분에 의사들은 이전보다 훨씬 더 정확하게 질병을 진단할 수 있게 되었습니다. 예를 들어, MRI는 뇌나 척수 같은 부위의 문제를 자세히 볼 수 있고, CT 스캔은 몸 안의 상태를 상세한 이미지로 제공합니다. 엑스레이는 뼈의 손상이나 문제점을 파악하는 데 유용하며, PET 스캔은 암과 같은 질병의 활동을 평가하는 데 도움이 됩니다.

공학 기술의 도입

2023년 미국 댈러스에서 열린 재미 과학자 협회에서 스탠퍼드 대학 이진형 교수의 뇌 질환 치료 연구 내용이 발표되었는데, 정말

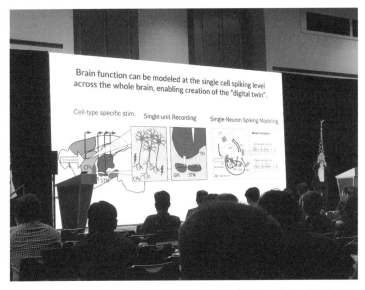

이진형 교수의 연구 내용 발표 장면.

놀라웠습니다. 사실 이진형 교수는 전기 공학을 공부한 분입니다. 이진형 교수는 전기 공학을 전공으로 박사 과정을 하는 시기에 외할머니가 뇌졸중으로 쓰러지는 사건이 발생했습니다. 이는 이진형 교수에게 큰 영향을 주었고, 뇌 질환 치료에 대해 의문을 품게 되었답니다. 이후 이진형 교수는 전기 공학에서 뇌 과학 연구로 진로를 바꾸기로 결심했습니다.

전기 공학 배경을 가진 이진형 교수는 뇌의 작동 원리를 새로운 관점에서 이해하려고 했습니다. 뇌의 신경망을 전기 회로와 유사하게 분석하는 그의 접근 방식은 뇌 과학 분야에 새로운 시각을 제공하며, 뇌 질환 치료에 있어 혁신적인 접근을 가능하게 했습니다. 이 연구는 과학 기술과 의학이 어떻게 통합될 수 있는지 보여주는 좋은 예입니다. 이진형 교수는 공학적 기술과 의학적 지식을 결합하여, 뇌 질환을 더 잘 이해하고 치료할 방법을 모색하고 있습니다.

데이터를 활용한 환자 중심 의료 서비스

어떤 학생이 두통으로 의사를 찾아옵니다. 예전 같으면 의사는 두통약을 먼저 권하고, 그래도 낫지 않으면 다양한 검사를 해야 했을 겁니다. 그런데 이제는 굳이 검사하지 않아도 관련 정보를 얻을 수 있습니다. 바로 찾아온 학생의 스마트폰 덕분입니다. 위치 정보와 수면 데이터를 통해 학생이 어젯밤에 어디서 어느 정도 잠을 잤는지 알 수 있습니다. 이 밖에도 낮에 했던 활동, 위치 등을 고려해 두통의 원인을 찾아볼 수 있습니다. 예를 들어, 옆집에서 아주 큰 파티가 열렸다면 소음 때문에 잠을 제대로 못 자서 두통이 생겼을 수 있습니다. 그러면 어떤 처방을 내리면 좋을까요? 저 같으면 이렇게 말할 것 같아요. "조용한 곳에 가서 잠을 푹 주무세요. 그러면 머리 아픈 게 나아질 겁니다."

이렇게 환자 상태를 알려 주는 데이터와 환자를 둘러싼 환경에 대한 데이터를 연결함으로써 더 정확하게 진단하고, 적합하게 처방할 수 있습니다. 우리가 흔히 말하는 '정밀 의료 서비스'란 기술적인 측면뿐만 아니라, 다양한 정보를 활용한 진단을 말합니다. 이를 환자 중심 의료 서비스라고도 해요.

'초연결 환자 중심 의료 서비스' 또는 '정밀 의료 서비스'는 환자의 개인 특성에 맞춰 치료를 제공하는 방식입니다. 이러한 서비스는 환자의 유전자, 생활 환경, 건강 습관 등을 고려하여 최적화된 치료법을 찾습니다. 예를 들어, 두 사람이 같은 질병을 앓고 있더라도, 그들의 유전적 특성이나 생활 방식에 따라 치료 방법이 달라질 수 있어요. 이 방식은 환자에게 더 효과적이고 안전한 치료를 제공할 수 있게 해 줍니다.

과학 기술의 발달 덕분에, 의료진은 인터넷, 스마트폰, 빅데이터 등을 활용하여 환자의 건강 데이터를 수집하고 분석할 수 있게 되었습니다. 이를 통해 환자 개인에 맞는 맞춤형 치료를 제공할 수 있게 되었죠. 이런 종류의 의료 서비스는 앞으로 많은 사람에게 더 나은 건강과 삶의 질 향상을 가져다줄 것으로 기대됩니다.

인공 지능의 감염병 예측

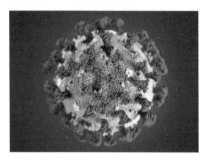

코로나19 바이러스 모형.

코로나19 바이러스와 관련해서 인공 지능의 역할을 알아보는 것은 매우 흥미롭습니다. 캐나다의 한 인공 지능 회사인 '블루닷(BlueDot)'은 2019년 말 코로나19의 발생을 미리 감지했다고 해요. 이 회사가 만든 인공 지능 시스템은 뉴스 기사, 비행 정보, 동물에서 발생한 질병 보고 등 다양한 데이터를 분석했어요. 그 결과 어떤 지역에서 전염병이 퍼질 가능성이 있는지 예측할 수 있었습니다.

하지만 실제로 코로나19 바이러스가 큰 위협으로 인식되고, 전 세계가 대응하기 시작한 것은 그 이후의 일이에요. 만약 인공 지능의 예측대로 미리 방역했으면 어땠을까요? 이 사례는 인공 지능 기술이 어떻게 우리의 건강과 안전에 도움이 될 수 있는지를 보여 줍니다.

코로나19 바이러스 백신 개발에는 여러 혁신적인 의료 기술이 활용되었습니다. 이 중 하나는 'mRNA'[1] 기술입니다. 이 기술을 사용한 백신은, 바이러스의 유전 정보 일부를 모방하여 인체 면역 시스템을 훈련시켜 바이러스에 대한 방어를 구축합니다. 또한, 벡터(Viral vector)[2] 기반 백신도 개발되었는데, 이는 바이러스의 일부 유전자를 다른 바이러스에 삽입해 면역 반응을 유도하는 방식입니다. 이뿐만 아니라, 전통적인 단백질 서브 유닛 백신(protein subunit vaccine)[3] 개발 방법도 사용되었습니다. 이러한 다양한 기술의 적용은 코로나19에 대응하는 데 필수적이었으며, 팬데믹 대응 속도를 높이는 데 큰 역할을 했습니다.

함께 생각해요!

- 의료 기술은 질병 치료에 어떤 도움을 주나요?

- 누구나 값비싼 첨단 의료 기술을 이용할 수 없다면 어떻게 해야 할까요?

---

1) messenger RNA의 약자. 유전자 정보를 세포에 전달하는 역할을 한다.
2) 병을 일으키지 않으면서 세포에 유전자를 전달하는 바이러스를 말한다.
3) 병원체의 특정 단백질 조각으로 면역 반응을 유도하는 백신이다.

3. 미래를 여는 환경 과학

안전하고 깨끗한 에너지 찾기

전기가 없으면 우리 생활은 어떻게 될까요? 사실 우리는 전기 에너지 없이 하루도 살아가기 힘듭니다. 당장 충전기가 없으면 허둥대는 사람들이 많지요. 전기가 없다면 스마트폰뿐만 아니라 생활 가전을 쓸 수 없고 교통과 통신이 끊기면서 세상은 작동하지 못할 거예요.

에너지 사용의 역사는 인류 문명의 발전과 깊은 관련이 있습니다. 잘 아시다시피 불의 사용은 인간 문명에 결정적인 역할을 했지요. 불은 우리를 따뜻하게 해 주고, 음식을 익혀 먹을 수 있게 하며, 야생 동물로부터 보호해 주었어요. 초기 인간은 주로 나무를 태워 불을 피웠어요. 이는 에너지 사용의 가장 기본적인 형태였죠. 이후 인간은 물레방아와 풍차 같은 기술을 발전시켜 물과 바람의 힘을 에너지로 활용하기 시작했습니다. 이는 재생 가능 에너지 사용의 출발점이라고 할 수 있어요.

화석 에너지로 일군 현대 문명

산업 혁명을 거치면서 석탄, 석유, 천연가스와 같은 화석 연료의 사용이 크게 증가했습니다. 화석 연료는 강력한 에너지원이지만, 대기 오염과 기후 변화의 원인이 되었어요. 연료가 타면서 이산화탄소와 같은 온실가스를 배출했기 때문입니다. 20세기에 들어서는 핵에너지의 개발이 이루어졌어요. 핵에너지는 막대한 양의 에너지를 생산할 수 있으며, 화석 연료에 비해 상대적으로 적은 양의 온실가스를 배출합니다. 하지만 핵폐기물 처리와 핵사고 위험성, 방사능 오염 같은 심각한 결함을 가지고 있지요.

최근에는 태양광, 풍력, 지열과 같은 재생 가능 에너지원의 개발과 사용이 늘고 있습니다. 환경에 미치는 부정적인 영향이 적고, 오래도록 사용할 수 있는 지속 가능한 에너지원으로 환영받고 있어요. 인류는 에너지 개발과 활용에서 많은 발전을 이루었지만, 앞으로도 갈 길이 멀어요. 환경을 보호하고 지속 가능한 미래를 위한 에너지 개발과 소비 방식에 대해 심도 있게 고민해야 합니다.

친환경 에너지 살펴보기

최근 환경 문제가 심각해지고 지속 가능한 발전이 화두가 되면서 태양열, 풍력, 수력, 지열과 같은 재생 가능한 에너지원에 관한 연구와 개발이 활발해지고 있습니다. 지금의 위기를 이해하려면 인류가 화석 연료를 대량으로 사용하기 시작한 시점, 즉 산업 혁명 시대로 거슬러 올라가야 합니다.

산업 혁명 당시 공장들은 석탄과 석유를 사용하여 기계를 가동했어요. 내연 기관을 사용한 자동차와 기차로 사람과 물건을 더 멀리 더 빠른 속도로 이동시켰습니다. 덕분에 인류의 생활은 윤택하고 편리해졌어요. 그러나 여기에는 심각한 부작용이 따랐습니다. 대기 오염과 지구 온난화가 대표적이에요. 공장과 자동차에서 배출되는 매연과 가스는 우리 몸에 치명적인 물질로 대기를 오염시켰어요. 호흡기 질환과 같은 건강 문제를 일으키기 시작했습니다.

더 큰 문제는 기후 변화입니다. 화석 연료 사용으로 생긴 온실가스는 열이 대기권 바깥으로 빠져나가는 것을 막아 지구 온도를 상승시켰고, 이는 극지방의 빙하가 녹고 해수면이 상승하는 등 자연재해가 빈번해지는 결과를 가져왔어요. 인류는 부랴부랴 화석 연료 사용을 줄이고 대체 에너지원을 개발하는 등 대책 마련에 나섰습니다. 기후 위기가 임계점에 들어선 오늘날 지속 가능하고 친

대표적인 친환경 에너지인 풍력 발전.

환경적인 에너지원으로의 전환은 이제 선택이 아닌 필수가 되었습니다.

예를 들어 태양광이나 풍력, 수력과 지열, 바이오매스(Biomass, 생물 유기체로 얻는 에너지) 등 자연의 힘을 이용해 전기를 만들 수 있습니다. 이런 방식은 우리에게 무한한 가능성을 열어 줍니다. 환경친화적이면서 지속 가능한 에너지원으로 미래의 에너지 부족과 기후 위기를 해결하는 데 중요한 역할을 할 것으로 기대하고 있어요.

이와 함께 에너지 효율을 높이고, 자원을 절약하는 노력도 필요합니다. 에너지를 많이 확보하는 것만큼이나 전기를 절약하고, 자원을 재활용하며, 환경친화적인 생활 방식을 실천하는 것이 중요합니다.

재생 에너지의 잠재적인 문제점

2021년 2월, 텍사스주는 역사적인 겨울 폭풍과 한파에 직면했어요. 이 폭설은 미국 본토의 73%가량을 덮쳤습니다. 특히 텍사스, 아칸소, 오클라호마 같은 지역에서는 역대 최저 기온 기록을 경신했습니다. 이로 인해 텍사스주에서는 대규모 정전 사태가 발생했어요. 430만 가구가 전기를 사용할 수 없게 되었고, 주민들은 차량, 프로판가스, 벽난로 등을 사용하다가 일산화탄소 중독과 화재 사고로 죽기도 했습니다.

이 사태는 재생 에너지에 대한 의존도가 높은 텍사스주에서 발생했는데요, 한파로 풍력 발전기의 터빈이 얼어붙으면서 전력 공급에 차질이 생겼습니다. 반면, 기후의 영향을 덜 받는 석탄과 원자력 발전은 상대적으로 안정적인 전력 공급을 유지했어요. 재생 에너지에 대한 의존도가 높아지면서 발생한 전력 공급의 불안의 사례로 논쟁을 불러일으켰습니다. 재생 에너지의 간헐성을 보완하려면 안정적인 백업 전력 시스템과 에너지 저장 기술이 중요하다는 것을 절감하는 계기가 되었어요.

태양광 에너지 사용이 매우 활발한 캘리포니아에서 저녁 시간대에 전력 공급이 어려워지는 문제가 발생했습니다. 해가 지면 그동안 모은 에너지를 써야 하는데 저장 시스템이 충분하지 않아 전기가 부족해진 거예요. 특히 여름철 더위로 에어컨 사용이 급증하면서 전력 수요가 크게 느는 바람에, 정전은 물론 전기 요금이 급등하는 문제가 발생했습니다. 이에 캘리포니아 정부는 대규모 배터리 저장 시스템 구축에 많은 투자를 하고 있습니다.

네바다주의 대규모 태양광 발전소 건설이 사막 생태계에 부정적 영향을 미친 사례가 있습니다. 발전소 건설로 사막거북 등 야생 동물이 서식지를 잃었습니다. 환경 보호 단체와 지역 주민들의 반발이 커지면서 발전소 건설이 지연되거나 취소되는 사례가 발생했습니다. 이는 재생 에너지 프로젝트가 환경에 미치는 영향을 신중하게 고려해야 함을 보여 줍니다. 사전 환경 영향 평가와 생태계 보호 조치가 필요합니다.

인도는 재생 에너지 공급 확대를 위해 대규모 태양광 발전 프로젝트를 추진하고 있지만, 초기 설치 비용과 인프라 구축 비용이 큰 부담이 되고 있습니다. 특히 중소기업과 일반 가정의 접근이 어렵다고 하는데요, 정부가 보조금을 제공하고 있지만, 여전히 망설

이는 경우가 많아 재생 에너지 보급 속도가 더디다고 합니다. 정부의 지속적인 지원과 보조금, 저금리 대출 등의 금융 지원을 필요로 하는 사례입니다.

유럽에서는 태양광 패널의 수명이 다하면서 폐기물이 급증하고 있다고 합니다. 이를 재활용할 인프라가 충분히 갖춰지지 않아 환경 문제가 생기는 것입니다. 태양광 발전을 활성화하려면 패널의 재활용 시스템 구축과 환경친화적인 폐기물 관리 방안 마련이 필요합니다.

자원 채굴을 위한 신기술

국제 석유 가격이 계속 오르자, 미국은 지하 깊은 곳에 있는 석유와 천연가스를 추출하는 기술을 개발했어요. 하이드로 프래킹(Hydraulic Fracturing)이라는 기술입니다. 전통적인 채굴 방식으로는 접근하기 어려운, 모래와 섞여 있는 기름을 파내는 데 특히 유용하다고 합니다. 먼저 땅속 깊은 곳에 아주 긴 구멍을 뚫어요. 그런 다음, 그 구멍을 통해 아주 높은 압력의 물, 모래, 그리고 화학 물질을 섞은 혼합물을 지하로 쏘아 보내서 암석층에 균열을 만들고 그 틈으로 석유나 천연가스가 지표면으로 나올 수 있게 합니다.

이러한 기술은 석유와 가스 자원 채굴에 도움을 주지만, 동시에 몇 가지 문제점을 드러냅니다. 화학 물질이 포함된 물이 땅속에 들어가면서 지하수를 오염시킬 수 있고, 지진이 발생할 위험도 있습니다. 따라서 이런 기술을 사용할 때는 환경에 미치는 영향을 신중히 고려해야 해요.

새로운 길 개척하기

다양한 재생 에너지가 사용되고 있지만, 석유와 가스 사용량은 여전히 줄어들지 않고 있어요. 오히려 석유와 가스 소비가 계속 늘어나고 있습니다. 왜 이런 현상이 일어날까요? 각 나라의 상황과 정책이 다르기 때문일 수도 있고, 재생 에너지에 대한 인식이나 투자의 차이 때문일 수도 있어요. 우리나라의 재생 에너지 비율이 낮은 이유는 빠르게 성장한 산업 국가라는 역사적 특성과 깊은 관련이 있어요. 대한민국은 제조업과 중공업 중심의 경제 구조를 하고 있고 여기에는 많은 에너지가 필요합니다. 그리고 이를 대부분 안정적인 공급이 가능한 화석 연료에서 얻었어요.

재생 에너지로의 전환은 마치 새로운 길을 개척하는 것과 비슷합니다. 태양광과 풍력 등은 환경친화적이지만, 이러한 에너지원은 개발이 다소 제한적입니다. 대규모 태양광 발전소나 풍력 발전소 단지를 조성하기가 쉽지 않아요. 또한, 대한민국은 이미 화석 연료에 기반한 에너지 인프라를 갖추고 있어요. 이를 재생 에너지 중심으로 바꾸려면 많은 시간과 비용이 들어가죠. 이는 마치 오랫동안 사용해 온 길을 새롭게 포장하는 것과 같아요.

하지만 우리 사회에서 재생 에너지에 관한 인식은 갈수록 높아지고 있습니다. 사람들은 이제 환경 보호와 지속 가능한 미래의 중요성을 인식하고 있어요. 대한민국 정부는 재생 에너지 사용을 늘리기 위해 여러 정책과 투자를 할 필요가 있습니다. 국제 사회의 일원으로 우리는 여전히 재생 에너지 사용과 관련해서 많은 노력이 필요합니다.

함께 생각해요!

- 왜 재생 에너지 사용을 늘려야 하나요?
- 화석 연료 사용의 부작용을 줄이기 위해 우리는 일상에서 어떤 실천을 할 수 있을까요?

기후 위기 시대의 환경 기술

뜨거운 여름이 지속되고, 날씨가 급변하는 등 기후 위기가 우리 현실로 다가서고 있습니다. 지구를 위협하는 기후 재난 등이 많아지는 상황에서 환경 기술은 어떤 역할을 할까요?

환경 기술은 마치 동전의 양면처럼 두 가지 측면을 모두 갖고 있어요. 하나는 환경을 극복하는 과학 기술, 또 다른 하나는 환경을 회복시키는 과학 기술입니다. 우선 우리가 사는 환경을 좀 더 생존에 적합하게 바꾸는 것입니다. 예를 들어, 공기 정화 시스템으로 우리가 숨 쉴 공기를 깨끗하게 만들고 정수 시설로 깨끗한 물을 확보합니다. 이런 과학 기술들은 열악한 환경 속에서도 안전하게 살아갈 수 있게 합니다.

또 다른 측면은 거꾸로 자연을 회복시키는 것입니다. 오염된 환경을 깨끗하게 만들고, 손상된 생태계를 복원하는 과학 기술이에요. 예를 들어, 오염된 땅을 정화하거나, 멸종 위기에 처한 동식물을 보호하는 프로젝트, 지구 온난화를 막기 위해 탄소를 포집하는 기술 등이 이에 속합니다. 여기에서는 이 두 가지 이야기를 모두 해 보려고 합니다.

과학 기술로 인간의 한계를 극복하다

미국 캘리포니아는 아름다운 날씨와 다양한 자연환경으로 유명하지만, 물 부족, 산불, 지진과 같은 여러 환경적 문제를 가지고 있어요. 이 지역 사람들은 과학 기술을 활용하여 이러한 문제들을 해결하고자 노력하고 있습니다. 캘리포니아에서 물 부족은 심각한 문제입니다. 건조한 기후로 사람과 동물이 먹을 물조차 제한적이

캘리포니아 사막 모습.

에요. 이는 농업에도 큰 영향을 미칩니다. 이에 캘리포니아 정부는 재활용 물 사용, 해수 담수화와 같은 다양한 물 관리 및 보존 기술을 도입했어요. 바닷물을 식수로 바꾸는 겁니다. 에너지가 많이 들기는 하지만, 식수 확보와 가뭄 해소에 큰 도움이 됩니다.

산불도 캘리포니아를 괴롭히는 자연재해입니다. 건조하고 뜨거운 여름 동안 산불이 자주 발생하여, 큰 피해를 주곤 합니다. 이에 위성 촬영, 드론 감시, 예측 모델링을 활용하는 기술이 개발되었습니다. 이들은 산불 발생을 빠르게 감지하고 대응할 수 있게 도와줍니다. 또한, 캘리포니아는 지진 활동이 활발한 지역입니다. 이를 대비하기 위해, 지진 예측 기술과 지진에 강한 건물을 설계하는 새로운 방법 등이 개발되었습니다.

이러한 과학 기술들은 환경을 보호하고 자원을 효율적으로 사용하는 데 도움이 됩니다. 산불과 지진 같은 재난으로부터 생명과 재산을 보호하지요. 하지만 여기에는 단점도 있어요. 예컨대 해수 담수화는 에너지를 많이 소비하고 바다 생태계에 영향을 줄 수 있습니다. 또한 기술 개발에는 큰 비용이 들어요.

이처럼 과학 기술은 양날의 칼과도 같습니다. 우리 삶과 환경을 개선할 수도, 파괴할 수도 있어요. 현명하게 과학 기술을 활용하려면 긍정적인 측면과 부정적인 측면을 모두 고려해야 합니다.

사람들은 살기 힘든 환경을 다양한 과학 기술로 극복하며 살아갑니다. 물이 부족한 캘리포니아 사람들은 바닷물로 식수와 농업용수를 만들어서 사용해요. 그런데 꼭 이 방법밖에 없는 걸까요? 물 사용을 줄이거나 다른 데 쓰는 에너지를 끌어다가 물을 만드는 데 사용할 수는 없을까요? 아니면 이참에 우리 삶의 방식을 친환경적으로 바꾸는 건 어떨까요? 자연과 환경의 측면에서 어떤 것이 현명한 방식인지 생각해 보아야 합니다. 사실 과학 기술은 수단일 뿐입니다. 과학 기술에 의지하지 않고 자연의 균형을 이루며 살아갈 방법을 고민해야 할 때예요.

다음은 화성 이야기입니다. 공상 과학 소설에 자주 등장하는 인류의 화성 이주는 우리 상상력을 자극합니다. 인간의 끊임없는 탐험심과 호기심, 새로운 세계를 개척하려는 욕구를 보여 주지요. 화성은 지구와 매우 다른 환경을 가지고 있습니다. 얇은 대기, 극심한 온도 변화, 그리고 산소가 없는 환경 때문에 사람이 살기에는 아주 힘든 곳이에요.

그럼에도 인류는 화성 이주라는 꿈을 현실화할 계획을 준비하고 있습니다. 일론 머스크와 그의 회사인 스페이스X는 실제로 화성으로 사람을 보내는 것을 목표로 하고 있어요. 거대한 우주선과 로켓을 개발하고, 화성에서 자립적인 삶을 영위할 수 있는 기술을 연구합니다.

지구를 넘어 새로운 행성에 발을 딛는 것은 인류 역사상 전례 없는 일로서, 인간의 한계를 시험하고 새로운 가능성을 모색하는 중요한 도전입니다.

지속 가능한 발전을 위한 과학 기술

첨단 과학 기술은 우리의 식량 자원을 보호하고 생태계를 지키는 데도 쓰입니다. 최근 주목받는 친환경 과학 기술을 소개합니다.

알래스카의 연어 산업은 정말 대단합니다. 2022년에만 약 1억 6,100만 마리의 연어가 잡혔다고 합니다. 그중 붉은연어가 가장 많은데, 알래스카 연어 산업 전체의 2/3가량을 차지한다고 해요. 첨연어와 분홍연어도 많이 잡히고, 왕연어와 은연어도 주요 자원 이라고 합니다.

연어 자원을 지속적으로 유지하려면 보호 노력이 필요합니다. 자꾸 잡아먹기만 하면 금세 멸종될 테니까요. 그래서 알래스카에 서는 정부와 환경 단체들이 연어의 서식지를 보호하고, 어획량을

알래스카의 연어 모습.

제한하여 남획을 막고 있어요. 연구자들은 연어의 이동 경로와 생태계를 연구하여 연어 보호 정책을 개발하고 있습니다.

연어 낚시 시즌인 5월부터 9월까지, 어부들은 며칠에서 몇 주 동안 바다에 나가 연어를 잡습니다. 바다에 머무는 기간은 낚시 방법, 낚시터 위치, 잡는 연어의 양에 따라 달라집니다. '길네터 (Gillnetter)'라 불리는 어부들은 며칠간 바다에 나가서 그물에 걸리는 연어를 잡습니다. 기간이 정해져 있고 잡을 수 있는 연어의 양도 제한이 있어, 어부들은 그 안에서 최대한 많은 연어를 잡으려 노력합니다.

연어 개체수를 계산하는 방법 하나를 소개하지요. 바로 '소나 탐지기'를 이용해서 강을 따라 상류로 올라가는 연어의 개체수를 측정하는 것입니다. 이를 통해 얼마나 많은 연어가 산란하고, 태어난 연어가 나중에 바다로 나갈 수 있는지를 예측합니다. 이렇게 산출된 연어 수를 바탕으로 잡을 양을 정해요. 이는 효과적인 어업 관리와 보존을 위한 작업이에요. 연어가 몇 마리나 생길지 알아야 남획을 막고 적절한 포획량을 정할 수 있으니까요. 생태계 균형을 유지하며, 지속 가능한 어업 관리를 위해서입니다.

지구 온난화로 인한 기후 위기 문제가 심각한 요즘 한창 주목받는 과학 기술이 있습니다. 바로 탄소 포집 기술인데요, 대기 중에 떠다니는 이산화탄소를 끌어모아서 지하나 바다에 안전하게 저장하는 방법입니다. 아직 연구 단계인 이 기술의 목표는 지구 온난화를 막고, 우리의 환경을 보호하는 것이에요.

노르웨이는 대규모 탄소 포집 및 저장 프로젝트인 '롱십(Long ship) 프로젝트'를 운영하고 있습니다. 연간 수백만 톤의 이산화탄소를 저장하여 대기 중 탄소 농도를 줄이고 기후 변화를 완화하는 데 중요한 역할을 할 계획이에요. 하지만 탄소 포집 기술은 비용이 매우 많이 들고, 기술적으로도 복잡해요. 또 기껏 모아둔 탄소가 밖으로 새 나가지 않게끔 보관하는 것도 쉽지 않습니다. 그래서 아직은 완벽한 해결책이라고 볼 수 없어요.

인간의 이산화탄소 배출로 생긴 기후 변화 문제를 해결하기 위해, 또다시 큰 비용과 과학 기술을 투자해야 한다는 사실이 참 아이러니합니다. 애초에 환경을 보호하는 데 더 많은 관심을 기울였다면, 이런 상황까지 오지 않았을지도 모르는데 말이에요.

덴마크는 풍부한 해풍(海風)을 활용해 전기를 생산하고, 이를 통해 화석 연료 의존도를 줄이고 있습니다. 최근에는 영국 북해에 위치한 세계 최대 규모의 해상 풍력 발전 단지인 '혼시(Hornsea) 프로젝트'를 운영하여 수백만 가구에 청정에너지를 공급하고 있습니다.

네덜란드는 플라스틱 폐기물을 재활용하여 도로를 만드는 혁신적인 프로젝트를 진행하고 있습니다. 이 기술은 기존의 아스팔트 도로보다 설치와 유지 보수 비용이 저렴하고, 수명이 길며, 환경에 미치는 영향을 줄이는 효과가 있습니다. 최근 네덜란드의 한 도시는 이러한 플라스틱 도로를 시험적으로 설치하여 큰 주목을 받았습니다.

한편 자연 기반 해결책도 주목받고 있습니다. 이는 자연의 기능을 활용하여 우리가 직면한 여러 문제를 해결하는 방법입니다. 홍수 방지, 도시 열섬 현상 완화, 수질 정화, 생물 다양성 보존, 공기 질 개선 등 다양한 분야에서 자연의 힘을 빌려 더 나은 환경을 만들 수 있습니다. 이러한 접근 방식은 지속 가능성을 유지하면서 환경과 사람 모두에게 이익을 준다는 장점이 있어요.

싱가포르가 대표적인 사례입니다. 이들은 도시 녹지 공간을 확장하고, 건물 외벽에 식물을 심는 등 자연의 기능을 활용해 환경을 개선합니다. 녹지 건물은 도시 열섬 현상을 줄이고, 대기질을 개선하며, 생물 다양성을 높입니다. 예를 들어, 싱가포르의 파크로열 호텔은 건물 외벽에 정원을 조성하여 에너지 소비를 줄이고, 자연과 조화로운 환경을 제공하고 있습니다.

도시 환경 이야기

간혹 생각지도 못한 곳에서 환경 오염과 기후 위기 문제의 심각성을 만날 때가 있습니다. 예를 들어 담배를 피우고 꽁초를 함부로 버리는 경우가 많습니다. 이 담배꽁초들은 환경에 치명적인 영향을 끼칩니다. 해양 오염의 21%를 차지하며, 해양 생태계뿐만 아니라 육상 생태계에도 위협이 되고 있어요. 해양 생물들이 담배꽁초를 먹이로 착각해 먹고 탈이 나거나, 오염된 물에 노출되고 있습니다. 담배꽁초가 분해되는 데는 약 14년이 걸리는데, 이 과정에서 해로운 화학 물질이 나와 수생 생물에게 치명적인 영향을 끼친다고 해요.

별것 아닌 듯 보이지만 생각 없이 버리는 담배꽁초는 도시 기반 시설에도 영향을 미칩니다. 예를 들어, 저는 여러 단체와 함께 '배수구와 담배꽁초' 커뮤니티 매핑을 했는데요, 이때 많은 배수구가 담배꽁초와 낙엽 등 쓰레기로 막혀서 제대로 기능하지 못하는 사례를 많이 보았습니다. 이는 특히 장마철이나 폭우 때 문제를 일으켜요. 배수구가 막히면 물이 제대로 빠지지 않아 도시가 물에 잠기고 사고의 위험이 커집니다. 흡연은 건강에도 안 좋지만, 환경과 도시 생태에도 좋지 않아요. 어른들은 이 점을 깊이 고민해 보아야 합니다.

미국 메릴랜드주의 아나폴리스(Annapolis)시는 아름답기로 유명한 도시입니다. 미국 해군사관학교가 있는 곳이기도 한 이곳은 바다와 도시가 어우러진 멋진 경관을 자랑하지만, 최근에 기후 변화의 영향을 직접 체감하게 됩니다. 바닷물이 하수구를 통해 역류

하는 장면을 시민들이 목격한 것이에요. 이는 기후 변화와 관련이 깊습니다. 기온이 상승하면서 극지방의 빙하가 녹고, 해수면이 상승하면서 이러한 현상이 발생한 거예요. 이는 아나폴리스뿐만 아니라 전 세계의 해안 도시가 겪고 있는 일입니다. 기후 변화로 인한 해수면 상승은 해안 도시에 큰 위협이 되고 있습니다.

사람과 환경의 조화

가끔 환경 보존을 둘러싸고 갈등이 벌어집니다. 개발과 보존 사이에 여러 이해관계가 얽혀 있습니다. 필리핀의 빈민 지역인 한 마을에서 있었던 일인데요. 전기가 부족해 태양광 패널을 집집마다 설치했다고 합니다. 그런데 인근 시멘트 공장에서 나오는 먼지 때문에 작동에 자꾸 문제가 생긴다고 해요. 친환경 에너지로 전력 문제를 해결하자는 쪽에서는 공장에 문제 제기를 하지만, 일자리가 걸린 문제라 마을 사람들이 소극적이라고 합니다.

그런데 시멘트 분진은 건강 문제와 직결되어 있어요. 호흡기 질환 등을 유발할 수 있으니까요. 그럼에도 이를 공개적으로 문제 삼지 못하는 현실에 저 역시 안타까운 마음이 들더군요. 공장의 행태에 화가 나다가도 당장 먹고살아야 하는 주민들 생각을 하면 쉽

필리핀 빈민 지역의 모습.

게 결론이 나질 않았어요. 이는 환경 문제와 경제적 필요 사이의 복잡한 관계를 보여 줍니다. 먹고사는 일에 밀려 환경 문제는 종종 뒷전으로 밀려나는 게 현실입니다. 특히 가난한 지역일수록 안정적인 일자리와 생계유지가 먼저예요.

이럴 때는 환경 보호와 경제적 필요 사이에 균형 잡힌 접근이 필요합니다. 자연에도 피해를 주지 않으면서 경제성도 확보하는 방법을 찾는 거예요. 친환경 기술로 지역 사회의 경제적 필요를 충

족시키고 일자리를 창출하는 방법 등을 생각해 볼 수 있습니다. 예를 들어, 지역 주민을 고용하여 태양광 패널을 정기적으로 청소하면 시멘트 분진 문제를 해결하면서도 안정적인 일자리를 제공할 수 있습니다. 그러면서 친환경 발전이 곧 우리 삶을 풍요롭게 해 주는 길임을 알리는 거예요.

함께 생각해요!

- 환경을 극복하는 과학 기술과 자연을 치유하는 과학 기술 사이에는 어떤 차이점이 있을까요?
- 기후 변화는 인류에게 어떤 영향을 주나요?
- 화성 이주 프로젝트는 인류에게 어떤 가능성을 제공할 수 있을까요?

건강한 재료에서 친환경 포장까지

맛있는 음식을 먹는 것이 사실 과학 기술 덕분이라는 것을 알고 있나요? 과학 기술의 발전은 음식에도 큰 영향을 주었거든요. 건강한 음식 섭취는 우리 삶에 꼭 필요합니다. 요즘은 배가 고파서, 생존을 위한 칼로리와 영양소 확보를 위해 식사를 하는 경우보다 맛 때문에 먹는 경우가 더 많습니다. 그래서 좀 더 좋은 맛을 내려는 연구가 많이 이루어지고 있어요. 음식 재료와 음식에도 많은 과학 기술이 적용되고 있습니다.

인류를 먹여 살린 조리 기술 발달사

불은 가장 기본적인 조리 수단입니다. 불은 음식을 익히고 맛을 좋게 만들며 소화도 더 잘되게 해 줍니다. 불에 고기를 구워 먹거나, 채소를 볶는 등의 조리 방식은 오늘날에도 보편적이면서 기본적인 요리법입니다.

보존과 발효도 중요합니다. 냉장고가 없던 옛날에는 음식이 쉽게 상했습니다. 그래서 사람들은 음식을 오래 보관하려고 소금에 절이기, 발효, 훈제 등 다양한 방법을 사용했어요. 소금에 절인 고등어는 그렇지 않을 때보다 오랫동안 신선하게 보관할 수 있습니다. 발효도 대표적인 보관법입니다. 우리나라 김치가 그렇죠. 김치는 냉장고에 두지 않아도 오랫동안 먹을 수 있습니다. 발효는 음식의 맛을 깊게 하고, 영양가도 높여 줍니다.

음식을 말리는 방법도 있습니다. 물기를 제거하여 미생물이 생기는 걸 막는 거예요. 마른오징어나 말린 과일 등이 그렇습니다. 이 방법은 계절에 상관없이 오랫동안 다양한 음식을 즐길 수 있게 해 주었습니다. 훈제는 연기로 익히는 방식입니다. 고기나 생선을

다양하게 조리된 음식.

연기로 익히고 건조해서 보관해요. 맛과 보존성을 높이는 방법으로, 훈제 햄이나 훈제 연어가 대표적인 음식입니다.

음식은 자연 상태에 두면 썩습니다. 갖고 다니기도 어렵고요. 그래서 인류는 보관 용기를 만들어 왔습니다. 그릇을 만드는 유리는 5,000년 전부터 사용된 가장 오래된 재료로, 19세기 산업 혁명 시기부터 대량 생산이 가능해졌습니다. 종이는 19세기에 나무 펄프에서 만들어진 이후 유연한 포장재로 활용되었으며, 1950년대 후반부터 금속, 특히 재활용이 가능하면서 가벼운 알루미늄이 캔 제조에 널리 사용되었어요.

산업 혁명 이후 통조림과 냉장 기술이 발달하면서 식품 보존 기한이 획기적으로 늘었습니다. 식품 포장은 처음에는 단순히 보관과 운반을 위한 수단에 불과했지만, 시간이 흐르며 소비자의 눈길을 끌고 브랜드 인지도를 높이는 중요한 역할을 하게 됩니다.

20세기 말에는 음식 낭비에 대한 경각심이 높아지며 포장 산업에 큰 변화가 일어났습니다. 환경 보호와 재활용이 중요해지면서 친환경 포장이 늘어났어요. 먹거리와 공중 보건에 대한 관심이 높아지면서 음식 포장에 건강과 영양 정보를 구체적으로 표시하기 시작했습니다.

오늘날은 가볍고 휴대하기 쉬운 플라스틱 포장이 인기입니다. 1862년 처음 선보인 플라스틱은 발전을 거듭합니다. 1933년에는 폴리비닐리덴클로라이드(PVDC)가 우연히 발견되면서 이후 남은 음식을 싸서 보관하는 랩으로 개발되었고, 1946년에 폴리에틸렌을 사용하여 밀폐력이 뛰어난 식품 보관 용기 '타파웨어(Tupper ware)'의 시대를 열었습니다.

옛날에는 음식을 시원하게 보관하려면 얼음이 있어야 했습니다. 지금은 집집마다 냉장고가 있어 음식을 신선하게 오래 보관할 수 있습니다. 20세기 초에 대중화된 냉동 기술은 식중독의 위험을 줄이고 계절에 상관없이 다양한 음식을 안전하게 보관하고 소비할 수 있게 했습니다. 봄에 수확한 딸기를 냉동시켜 두면 겨울에도 딸기 스무디나 잼을 만들 수 있습니다. 또한, 냉동 만두나 피자 같은 즉석 냉동식품은 언제든 간편하게 조리할 수 있어, 바쁜 현대인들에게 사랑받고 있습니다. 남은 음식을 재사용하거나 보관하게 되면서 먹고 나서 바로 버리는 일도 줄어들었습니다. 이처럼 음식과 관련된 다양한 기술은 우리 식생활을 편리하고 풍부하게 만들어 주고 있습니다.

요즘 음식 기술의 발달은 마치 공상 과학 소설에서나 볼 법한 일들을 현실로 만들고 있어요. 공장에서는 이제 단백질 배양을 통해 고기와 음식을 만듭니다. 예를 들어, 우리나라의 슈팹(Shoefab)이라는 회사는 3D 프린팅 기술을 이용해 개인의 취향에 맞는 식감과 맛을 가진 음식을 만듭니다. 놀랍게도, 이 기술이 앞으로 대체육과 배양육 제품화에도 큰 역할을 할 거라고 해요. 예전에 방영한 공상 과학 드라마 〈스타트렉〉처럼, 미래에는 정말 원하는 음식을 기계가 직접 만들어 주는 시대가 올지도 모르겠습니다.

건강과 환경을 위협하는 가공식품

음식 관련 과학 기술은 우리에게 맛있는 먹거리를 손쉽게 접할 수 있게 합니다. 하지만 여기에도 부정적인 측면이 있습니다. 우선 가공식품은 맛은 좋지만, 몸에 좋지는 않아요. 마트에서 사 온 과일주스를 한번 생각해 보세요. 신선한 과일과 달리, 가공 과정에서 비타민과 미네랄 같은 중요한 영양소가 많이 파괴됩니다. 이런 식품에 의존하면 장기적으로 우리 몸에 필요한 영양소가 부족해질 수 있어요.

첨가물과 보존제도 문제입니다. 가끔 가공식품을 먹고 나서 배가 아프거나 피부가 가려운 적이 있나요? 이는 식품에 첨가된 인공 보존제나 색소 때문일 수 있습니다. 예를 들어, 인스턴트 라면에는 맛을 더하기 위해 인공 보존제와 색소가 많이 들어갑니다. 이런 첨가물은 몸에 해로울 수 있으며, 일부 사람들에게는 알레르기 반응이나 소화 문제를 일으킬 수 있습니다. 잘 알려진 화학조미료인 엠에스지(MSG)는 두통이나 메스꺼움을 유발할 수 있는 첨가물입니다.

또한 가공식품은 맛을 더하기 위해 설탕, 소금, 포화지방을 많이 함유하고 있습니다. 이는 비만이나 당뇨병 같은 만성 질환의 위험을 높입니다. 실제로, 가공식품을 자주 먹는 사람들은 이런 건

대표적인 패스트푸드인 햄버거와 감자튀김.

강 문제를 겪는 경우가 많아요. 대표적인 패스트푸드인 햄버거와 감자튀김은 칼로리가 높고 영양소는 부족하여 건강에 해롭습니다.

콜라 한 캔(350㎖)에는 약 39그램의 설탕이 들어 있어요. 이는 각설탕 10개에 해당하는 양입니다. 세계보건기구가 권장하는 하루 설탕 섭취량은 50그램인데, 콜라 한 캔만으로도 권장량의 78%를 차지하게 됩니다. 이는 상당히 높은 비율로, 하루 동안 섭취하는 다른 음식들의 당 함량까지 고려하면 쉽게 권장량을 초과할 수 있습니다. 과도한 설탕 섭취는 비만, 당뇨병, 심혈관 질환, 치아 부식 등의 문제를 일으킬 수 있어요. 그래서 가공식품을 먹을 때는 성분을 제대로 확인해야 합니다. 꼼꼼히 확인하고, 가능한 한 가공식품이 아닌 신선한 재료로 만든 음식을 선택하는 것이 중요합니다.

가끔 뉴스에 대규모 식품 리콜 사건이 보도될 때가 있습니다. 해로운 균이 나오거나 이물질이 나와서 판매 중인 상품을 모두 거둬들이는 거예요. 2018년과 2019년, 미국과 캐나다에서 대장균에 오염된 로메인 상추가 전국적으로 유통되었습니다. 이걸 먹은 사람들이 상당수 식중독에 걸렸어요. 수백 명이 병원에 입원하고 일부는 사망을 했습니다. 심각한 합병증을 겪은 사람도 있었어요. 이 사건은 식품 안전의 중요성과 함께, 식품 공급망의 모든 단계에서 철저한 위생 관리가 필요하다는 점을 일깨워 주었습니다.

음식물 쓰레기와 포장에 관한 고찰

음식물 쓰레기도 큰 문제입니다. 2022년에 전 세계적으로 약 10.5억 톤의 음식이 낭비되고 있으며, 이는 소비자에게 제공되는 음식의 약 19%에 해당합니다. 수확 후 소비자 전달 과정에서 생기는 양 13%를 합하면, 생산된 전체 음식물의 약 32%가 낭비되거나 손실되고 있습니다. 음식물 쓰레기가 만드는 온실가스도 만만치 않아서 세계 총 온실가스 배출량의 약 8~10%를 차지한다고 하네요. 썩은 음식에서 나오는 메탄가스 역시 탄소와 마찬가지로 온실가스입니다. 예를 들어, 미국에서는 매년 약 6,000만 톤의 음식이 쓰레기로 버려집니다. 이는 미국에서 소비되는 식량의 40%에 해당합니다. 이로 인해 막대한 양의 메탄가스가 발생해 기후 변화에 큰 영향을 미치고 있죠.

음식 보관 기법과 배달 방식이 많이 발전했지만, 그로 인해 플라스틱과 다른 쓰레기가 많이 나오고 있습니다. 이러한 문제를 해결하려면 친환경 포장재를 사용하고, 음식물 낭비를 줄이는 노력이 필요합니다. 우리의 소비 습관과 생활 방식을 되돌아보고, 환경을 보호하면서도 편리함을 유지할 방법을 찾아야 할 때입니다.

일회용 김의 경우 손바닥 반만 한 구운 김이 6장 들어 있는데, 포장지 문구를 보면, 내용량이 고작 2그램입니다. 이걸 포장하려고 플라스틱 트레이(폴리에틸렌 테레프탈레이트)와 포장지(폴리프로필렌)가 쓰인 겁니다. 배보다 배꼽이 더 크다는 말이 딱 맞는 상황이죠. 불필요한 과대 포장이라는 생각이 들었습니다.

주변을 둘러보면 이런 사례가 한둘이 아닙니다. 음식물뿐만

버려진 택배 포장재의 모습.

아니라 다양한 상품에서 과도한 포장이 사용되고 있습니다. 예를 들어, 작은 전자 제품도 플라스틱과 종이로 덮인 거대한 상자에 담긴 경우가 많습니다. 명절 때 주고받는 선물 세트도 예외는 아닙니다. 겉포장은 크고 요란하지만, 막상 열어 보면 포장재가 대부분이고 내용물은 부실한 경우도 많죠. 온라인 쇼핑몰에서 도착한 큰 상자 앞에서 '내가 이렇게 큰 물건을 주문했었나?' 하며 되짚어 보게 됩니다.

상자를 뜯어 보면 달랑 작은 물건 한 개가 들어 있지요. 아마도 많은 분이 비슷한 경험을 했을 거로 생각합니다. 과대 포장은 환경에 큰 부담을 주기 때문에, 우리가 소비하는 제품들의 포장 방식을 주의 깊게 살펴보고, 후기로 이를 지적하거나 그런 상품은 가급적 피하는 게 좋지 않을까요?

함께 생각해요!

- 인공 단백질 고기와 같은 미래의 음식 기술이 식품 산업에 어떤 영향을 미칠까요?
- 음식 배달 서비스의 발전이 환경에 미치는 부정적인 영향은 무엇인가요?
- 포장재의 사용을 줄이기 위해 개인적으로 실천할 방법에는 무엇이 있을까요?

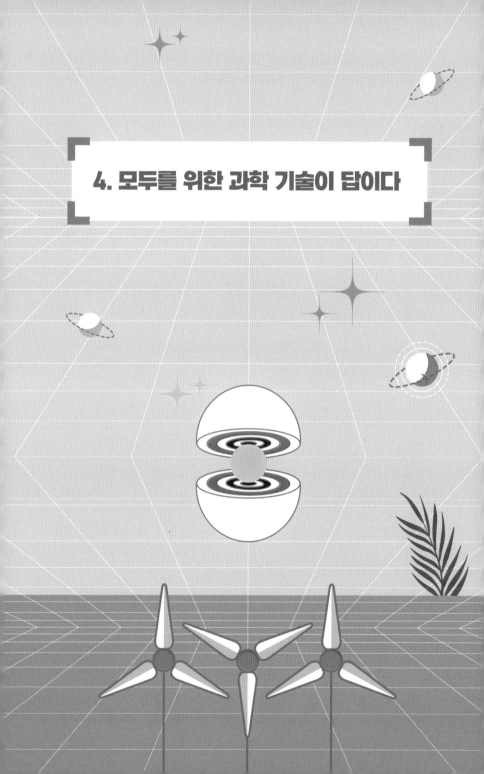

4. 모두를 위한 과학 기술이 답이다

대량 생산 대량 소비 시대의 개막

자동화가 사람들의 삶을 더 풍요롭게 해 줄까요? 과학 기술이 발달하면서 자동화와 대량 생산이 가능해졌습니다. 영화 〈모던 타임스〉는 1936년에 개봉된 영화로, 산업화 시대의 대량 생산과 자동화가 인간에게 미치는 영향을 잘 보여 준 고전 작품으로 지금도 널리 이야기되고 있습니다.

〈모던 타임스〉에서 주인공인 찰리 채플린은 공장 노동자로 등장합니다. 이 공장에서는 대량 생산을 위해 노동자들을 기계처럼 다루고, 채플린은 끊임없이 나사를 조이는 단순 반복 작업을 합니다. 영화는 기계와 노동자의 관계를 과장된 방식으로 묘사하여, 노동자가 급속한 산업화와 자동화 속에서 정신적, 육체적 압박을 받으며 기계 일부분처럼 변해가는 모습을 보여 줍니다.

포드 시스템의 등장과 〈모던 타임스〉
주인공은 기계의 속도에 적응하지 못하고 결국 정신 이상을 보입

니다. 이는 당시 많은 노동자가 겪었던 실제 상황을 반영한 것으로, 대량 생산 시스템에서 인간이 기계처럼 취급받는 모습을 비판적으로 조명한 것입니다.

〈모던 타임스〉는 산업 혁명과 대량 생산 시대의 부작용을 다루면서, 인간의 존엄성과 기계화된 노동의 비인간적인 측면을 강조합니다. 이 영화는 단순히 코미디가 아니라, 당시 사회의 문제점을 풍자하고 비판하는 강력한 메시지를 담고 있습니다. 영화가 개봉된 게 1936년인데, 지금껏 바뀐 것이 많지 않다는 생각이 드네요. 오늘날 대량 생산 - 대량 소비 시스템을 통해 값싼 물건을 손쉽게 구할 수 있다는 게 꼭 좋은 것만은 아닌 것 같습니다.

가끔 상점에서 파는 볼펜 가격을 보면서 깜짝 놀라곤 합니다. 그중에는 너무도 싼 물건이 있었기 때문이에요. 어떻게 그럴 수 있었을까 생각해 봅니다. 작은 볼펜 하나에 불과하지만 만드는 데 필요한 공정은 무척 복잡합니다. 볼펜의 각 부분을 따로 제조하고, 잉크를 채우고, 조립하는 과정 등이 필요해요. 오늘날 이는 일일이 사람 손으로 하지 않습니다. 모두 자동화 기술을 사용해요.

만약 볼펜을 일일이 직접 손으로 만든다면, 이에 드는 시간과 비용은 엄청날 것입니다. 어쩌면 불가능할 수도 있어요. 재료를 구하고, 각 부분을 정밀하게 가공하며, 조립하는 과정에는 상당한 시간과 노력이 필요합니다. 그렇게 되면 당연히 가격도 올라가겠지요.

자동화 기술은 대량 생산을 가능하게 하여 제품의 가격을 낮추는 데 큰 역할을 합니다. 볼펜 한 자루 값이 지금처럼 저렴한 이유는 자동화된 공장에서 대량으로 빠르고 효율적으로 생산하기 때문입니다. 이는 단순히 볼펜뿐만 아니라, 우리 일상생활에 쓰이는 수많은 제품에도 적용되는 원리입니다.

자동화와 대량 생산의 효시로 자동차 산업, 특히 포드사의 생산 방식인 '포디즘(Fordism)'을 들 수 있습니다. 우리가 흔히 아는, 그리고 〈모던 타임스〉에 등장했던 컨베이어 벨트가 바로 여기서 개발되었어요. 이 혁신적인 생산 방식은 자동차 산업뿐만 아니라 현대 산업 전반에 큰 영향을 미쳤습니다.

자동차 대량 생산이 가져온 변화

포디즘은 '자동차 왕'으로 불리는 미국 사업가 헨리 포드가 도입한 대량 생산 시스템입니다. 그는 자동차 제조 과정을 표준화하고 분업화했어요. 대표적인 것이 1913년 도입된 조립 라인입니다. 작업자가 한 군데 작업장에서 여러 부품을 조립하던 기존 형태에서 벗어나 자동차 부품이 자동으로 이동하는 방식이었습니다. 노동자가 복잡한 전체 과정 대신 부분적인 단일 작업만을 반복함으로써 효율성을 극대화했어요.

포드의 대량 생산 방식은 자동차 제조 과정을 혁명적으로 바꾸었습니다. 이전에는 자동차가 수작업으로 만들어져 비쌌기에, 일반인은 타고 다니기 어려웠습니다. 하지만 포디즘의 도입으로

자동차를 더 빠르고 많이 생산하게 되면서 가격이 저렴해집니다. 이는 자동차 대중화에 크게 기여했어요. 자동차는 이후로 많은 사람이 구매할 수 있는 대중적인 제품이 되었습니다. 대량 생산된 포드의 '모델 T'라는 자동차가 그랬습니다. 자동차의 대중화는 사회적, 경제적 변화를 가져와 많은 사람이 풍요로운 생활을 누릴 수 있게 했습니다.

자동차 산업의 성장은 다른 산업에도 영향을 미칩니다. 예를 들어, 자동차 부품, 도로 건설, 주유소, 자동차 서비스 산업 등이 크게 성장했어요. 이는 사회 전반에 새로운 일자리를 창출하고, 전체 경제의 성장을 촉진했습니다. 포디즘은 현대 산업화 사회의 상징으로 여겨집니다. 대량 생산은 제품을 대중화하고, 새로운 경제적 기회를 만들어 내는 동시에, 노동의 성격과 사회 구조를 변화시켰습니다.

자동화의 놀라운 효과

자동화 기술은 다양한 분야에서 큰 변화를 가져왔습니다. 이는 단순히 작업을 기계가 수행하는 차원을 넘어서 전체 산업의 생산성과 효율성을 극적으로 향상시켰습니다. 기계와 로봇은 사람과 달리 24시간 일합니다. 지치지 않고, 빠르고 효율적으로 작업을 수행해요. 이러한 효율성은 더 많은 제품을 더 짧은 시간에 생산하게 합니다.

이러한 변화는 인간이 할 일을 크게 줄입니다. 단순하고 반복적인 작업은 기계에 맡기고 사람은 좀 더 창의적이고 전략적인 업무에 집중할 수 있게 해 줘요. 위험한 일도 대신할 수 있습니다. 인체에 해로운 작업을 기계가 대신함으로써 노동자의 안전과 건강을 보호할 수 있습니다. 사람은 실수를 하지만 기계는 그렇지 않습니다. 그래서 자동화 기술은 작업의 정확성과 일관성을 크게 향상시킵니다. 인간보다 훨씬 정밀하게 작업하기에 한 번 기준을 설정하면 동일한 품질의 결과물을 지속적으로 생산할 수 있습니다. 아무래도 사람이 직접 손으로 하면 매번 똑같은 제품을 만들기가 어렵죠.

앞서도 말했듯이, 대량 생산이 가능하고 유지 보수비가 적게 드니 사람이 일할 때보다 비용이 훨씬 적게 듭니다. 결과적으로 기업에게 경제적인 이익을 가져다줘요. 안정성도 빼놓을 수 없는 장점입니다. 기계화를 하면 생산 과정에서 발생하는 불량품이나 사고 같은 일을 줄일 수 있습니다. 자동화 시스템은 예측이 가능해서 안정적인 작업 환경과 생산 신뢰성을 높입니다. 이처럼 자동화 기술은 여러 방면에서 긍정적인 효과를 보이면서 현대 산업을 혁신적으로 변화시키고 있습니다.

자동화 부작용, 이대로 괜찮을까?

자동화 기술에는 이처럼 많은 이점이 있지만 부작용도 존재합니다. 특히, 일하는 방식의 변화는 사람들의 건강과 일상생활에 큰 영향을 줍니다. 노동의 성격이 단순해지면서 특정 기능만을 발달시키게 만듭니다.

대량 생산과 자동화로 많은 사람의 직업이 변했습니다. 예전에는 사냥이나 농업처럼 몸을 써야 하는 직업이 많았지만, 지금은 그렇지 않아요. 앉아서 머리만 써야 하는 일이 많아졌습니다. 그런데 온종일 앉아서 컴퓨터만 보며 일하는 방식은 건강에 해롭습니다. 대표적인 게 '거북목' 증상이에요. 이는 목과 어깨에 지속적인 통증을 유발하고, 장기적으로는 심각한 근골격계 문제로 이어질 수 있습니다. 또한 장시간 앉아 있으면 치질, 비만, 스트레스 같은 건강 문제도 발생할 위험이 커집니다.

공장에서 하는 단순 반복 작업은 우리 몸의 특정 부위만 쓰게 합니다. 특정 근육이나 관절에 과도한 스트레스가 가해져, 통증이나 기형을 일으킬 수 있어요. 노동자의 건강은 물론 작업 능률에도 좋지 않습니다. 건강도 문제지만 가장 심각한 것은 일자리가 줄어드는 것입니다. 기계와 로봇이 대신하니 당연히 사람이 할 일이 줄어들겠죠. 특히 반복적이고 단순한 일을 하는 직종부터 타격을 받습니다. 많은 사람이 새로 기술을 배우거나 직업을 바꿔야 하는 일이 생겨요.

또한, 기계와 경쟁해야 하는 상황이 되다 보니, 인간 고유의 창의성이나 독특한 기술을 발휘할 기회가 줄어들 가능성이 커요. 기계가 요구하는 기준에 맞춰야 하니까요. 결과적으로 노동의 가치와 인간의 역할에 대한 인식을 약화시킬 수 있습니다.

자동화는 부의 분배에도 큰 영향을 미칩니다. 자동화 기술에 투자할 수 있는 기업이나 개인은 더 많은 이익을 얻을 수 있지만, 그럴 수 없는 사람들은 뒤처질 위험이 있습니다. 예를 들어, 큰 기업은 로봇을 도입해 생산성을 높이고 비용을 절감할 수 있지만, 작은 가게를 운영하는 사람들은 그럴 수 없기에 경쟁에서 밀릴 수 있습니다. 이렇게 되면 부자들은 더 부유해지고, 그렇지 않은 사람들은 더 어려워져 사회적 격차가 심화될 수 있습니다.

한번 상상해 볼까요. 기계에 의존하다가 나중에 문제가 생기면 어떻게 될까요? 전적으로 기술에 의존하다가 시스템 장애나 오류가 발생했을 때, 이를 해결할 능력이 부족하면 큰 문제가 생길 수 있습니다. 예를 들어, 공장의 자동화 시스템이 멈추면 생산이 중단되고, 교통 시스템에 문제가 생기면 도시 전체가 혼란에 빠질 수 있습니다. 만약 여러분들이 손에 들고 있는 스마트폰이 갑자기 모두 작동을 멈춘다면 어떨까요? 아마도 많은 사람이 당황하고 큰 불편함을 느낄 것입니다. 여기에 대한 대비가 없다면 산업과 인프라 운영에도 큰 취약점이 될 수 있습니다.

자동화는 교육 수준, 기술 능력, 지역적 위치 간 격차를 벌릴 수 있습니다. 기술 발전에 적응할 가능성이 높은 사람과 그렇지 못한 사람 사이의 불평등이 심화될 수 있습니다. 또한 자동화로 사람들은 특정 기술이나 역량을 잃을 위험이 있습니다. 기계가 대부분 작업을 대신하는 상황에서 어찌 보면, 당연한 결과입니다. 인간은 이제 굳이 특정 기술을 배우거나 유지할 필요가 없어요. 마치 스마트폰이 생기면서 전화번호를 외울 일이 없어진 것처럼요. 장기적으로 보면, 이런 변화는 인간의 기술 다양성과 창의성을 감소시킬 수 있습니다.

자동화는 물질적으로는 풍요를 가져다주지만, 정신적인 만족감이나 삶의 의미를 채워 주지는 못합니다. 오히려 줄일 수 있습니다. 예를 들어, 기계가 일을 대신하면, 사람들이 일에서 성취감을 얻을 기회가 줄어들어요. 자동화로 사람 간의 대화나 사회적 활동이 줄어들면서 정신적으로 피폐해질 수 있습니다.

자동화에 의한 대량 생산은 제품이나 서비스의 다양성을 감소시킬 수 있습니다. 예를 들어, 공장에서 규격화되어 생산된 물건이 일상을 지배하면 모든 것이 표준화되고 획일화되면서, 우리 삶의 개별적이고 독특한 요소가 사라질 위험이 있습니다. 마치 모든 빵

집의 빵이 똑같아지면서 개성 있는 특별한 빵을 맛볼 수 없게 되는 것처럼요.

이러한 자동화의 잠재적인 문제를 해결하려면 어떻게 해야 할까요? 미리 걱정할 필요가 있느냐고 말하는 사람도 있지만, 대비는 필요하겠지요. 몇 가지 생각해 볼 만한 대안들이 있습니다. 먼저 변화에 대한 대응력을 길러야 합니다. 새로운 기술을 배우고, 독특한 제품을 만드는 소규모 생산을 지원하고, 사람과의 상호 작용이 중요한 창의적인 직업을 장려하는 것도 방법이겠지요. 일자리 창출과 환경 보호 활동도 빼놓을 수 없습니다. 기술은 사람이 할 일을 줄입니다. 따라서 기업이 고용 유지에 힘쓰도록 사회적 책임을 강화하고, 지역 사회와의 협력을 통해 새로운 일자리를 만들거나 지역 경제를 활성화하는 방안을 모색해야 합니다.

함께 생각해요!

- 자동화 기술로 생산된 볼펜 가격이 직접 손으로 만드는 것보다 싼 이유는 무엇일까요?
- 자동화가 인간의 일자리에 미치는 영향은 무엇일까요? 긍정적인 면과 부정적 면을 함께 생각해 보고 그 이유를 말해 보세요.

가상 세계로 향하는 문, 메타버스

메타버스란 무엇일까요?

여러분은 '메타버스'라는 말을 들어 보셨나요? 메타버스는 '초월'을 뜻하는 '메타(meta)'와 '우주'를 뜻하는 '유니버스(universe)'를 합친 말로, 현실 세계를 넘어선 가상의 세계를 말합니다. 게임 속 세상처럼 컴퓨터로 만들어진 공간에서 사람들을 만나고, 대화하고, 함께 활동할 수 있는 곳이에요.

사실 '메타버스'라는 말이 지금처럼 널리 알려지기 전에도, '세컨드 라이프(Second Life)'라는 메타버스 플랫폼이 있었어요. 저는 이 가상 세계에서 다양한 건물이나 구조물을 짓고 사람들이 자기를 대신하는 캐릭터인 아바타(avatar)를 만들어 활동하는 것을 보고 매우 신기해서 수업에 사용해 보았어요. 학생들과 가상 세계에서 만나 수업을 했고, 미국에서 열리는 장애인 국제 컨퍼런스에서 이 사례를 발표하기도 했답니다.

'세컨드 라이프(Second Life)' 메타버스 플랫폼.

메타버스의 기술과 활용 사례

메타버스를 만드는 데 중요한 기술로는 가상 현실(VR)과 증강 현실 (AR)이 있어요. 가상 현실은 가상 세계를 실제처럼 느끼게 해 주고, 증강 현실은 현실에 디지털 요소를 더해 줘요. 예를 들어, 가상 현실 헤드셋을 쓰면 마치 우주를 날아다니는 것 같은 기분을 느낄 수 있고, 스마트폰으로 증강 현실 게임을 하면 현실 세계에 포켓 몬 같은 가상의 캐릭터가 나타나는 것처럼요.

저도 메타버스를 직접 체험해 보려고 가상 현실 헤드셋을 사서 사용해 보았어요. 아직은 오래 쓰기가 불편하고 작동이 쉽지는 않았지만, 앞으로 기술이 발전하면 더 작고 편리한 기기가 나와서 사람들이 이런 헤드셋을 쓰고 영화도 보고, 가상 세계에서 친구들과 놀이도 할 수 있을 거예요.

제가 일하는 의과 대학에서는 메타버스를 이용해 의대생들이 몸속 장기를 입체적으로 연구하거나, 가상으로 수술을 연습하기도 해요. 요즘에는 현실의 실시간 정보를 메타버스에 반영하거나 메타버스에서 일어나는 일을 현실의 다양한 기기에 적용하기도 한답니다. 코로나19 팬데믹 이후, 메타버스는 더욱 주목받고 있어요. 사람들은 가상 공간에서 만나기 시작했어요. 학교에서는 메타버스를 통해 입학식을 하고, 회사에서는 신입 사원 교육을 진행했어요. 심지어 가상 공간에서 결혼식을 올린 사람들도 있었답니다.

인기 있는 메타버스 플랫폼과 미래 가능성

제페토(ZEPETO)나 로블록스(Roblox) 같은 메타버스 플랫폼은 전 세계 청소년들 사이에서 매우 인기가 있어요. 여기서 사람들은 자신만의 아바타를 만들고 친구들과 어울리며 게임도 하고, 가상 옷이나 액세서리를 사고팔 수도 있어요. 메타(구 페이스북)의 호라이즌 월드(Horizon Worlds)에서는 사람들이 직접 가상 공간을 만들고, 이를 다른 사람들과 공유할 수도 있답니다.

하지만 메타버스를 사용할 때도 주의해야 할 점이 있어요. 가상 세계에 너무 빠지면 현실을 소홀히 하거나, 디지털 기기를 오래 사용하면 건강을 해칠 수 있어요. 또한 가상 세계에서도 사이버 폭력이나 개인 정보 유출 같은 문제가 생길 수 있답니다.

메타버스는 앞으로 우리의 삶을 크게 바꿀 거예요. 교육, 일, 쇼핑, 놀이 등 다양한 분야에서 활용될 수 있어요. 건축가는 앞으로 지을 건물을 미리 살펴볼 수 있어요. 여행을 계획하는 사람들이 미리 가상으로 여행지를 둘러볼 수도 있고, 가상 상점에서 소비자에게 제품을 선보이고 소비자는 옷을 입어 볼 수 있어요. 인테리어 제품을 미리 집에 배치해 보는 것도 가능합니다. 메타버스는 앞으로 우리가 상상하지 못했던 새로운 기회를 열어 줄 것입니다.

함께 생각해요!

- 메타버스의 미래를 상상해 보세요. 어떤 가상 세계에서 살아 보고 싶나요?
- 메타버스에서 무엇을 해보고 싶나요?

몸에 착용하는 과학 기술, 웨어러블 디바이스

웨어러블 기기의 등장

며칠 전 기적 같은 일이 있었습니다. 저는 당뇨병을 앓은 지 23년이 되었습니다. 당뇨병은 췌장이 제대로 작동하지 않아 혈당이 잘 조절되지 않는 상태입니다. 혈당이 너무 높거나 낮으면 몸에 해롭기 때문에 관리가 필요합니다. 그래서 혈당 수치를 아는 것이 중요합니다. 혈당 수치를 재려면 바늘로 손가락 끝을 찔러 피를 내야 했는데, 매일 측정을 해야 하는 저로서는 끔찍한 일이었습니다.

이제는 동전 크기의 기기를 팔뚝에 붙여 스마트폰으로 실시간 혈당을 확인하고 기록할 수 있습니다. 처음에는 기기를 붙이는 것이 아플까 걱정했지만, 전혀 그렇지 않았습니다. 이렇게 실시간으로 혈당을 확인하면 식사와 운동을 어떻게 조절해야 하는지 쉽게 알 수 있습니다. 동전만 한 기기 하나로 혈당을 지속적으로 관리할 수 있다니 정말 편리하고 대단하다는 생각이 듭니다.

일상을 바꾸는 스마트워치

여러분은 스마트워치나 스마트밴드를 사용해 본 적이 있나요? 이런 기기들을 '웨어러블 디바이스'라고 합니다. '웨어러블'은 '착용할수 있는'이라는 뜻으로, 몸에 착용하는 전자 기기를 의미합니다. 시계처럼 손목에 차거나, 안경처럼 쓰거나, 옷처럼 입을 수도 있어요.

스마트워치는 웨어러블 디바이스의 대표적인 예입니다. 손목에 착용한 이 기기는 사용자의 건강 상태를 24시간 관찰합니다. 심박수를 측정하고, 운동량을 기록하며, 수면 상태까지 분석합니다. 최신 스마트워치는 혈압과 심전도까지 측정할 수 있어 마치 작은 병원을 손목에 차고 다니는 것과 같습니다.

2022년 미국에서는 한 여성이 스마트워치의 심박수 경고 덕분에 큰 병을 조기에 발견했다고 합니다. 잠을 자던 중에도 위험 신호를 감지해 깨워 주는 스마트워치 덕분에 응급실에 빨리 가서 치료를 받을 수 있었습니다.

혁신적인 웨어러블 디바이스와 주의할 점

웨어러블 디바이스의 발전은 여기서 멈추지 않습니다. '스마트 콘택트렌즈'는 눈에 착용하는 작은 컴퓨터입니다. 이 렌즈를 끼면 눈

앞에 증강 현실(augmented reality, AR) 화면이 나타납니다. 길을 걷다가 식당 간판을 보면 메뉴와 리뷰가 바로 보이고, 외국어로 된 안내문도 자동으로 번역됩니다. 스마트 의류도 개발되고 있습니다. 운동할 때 입는 셔츠에 센서가 들어 있어 자세가 잘못되면 바로 알려 주고, 체온이나 심박수도 측정합니다. 넘어졌을 때 충격을 흡수하는 '스마트 바지'는 노인 분들이나 운동선수들의 안전을 지키는 데 큰 도움이 되고, 치매 환자를 위한 '지피에스(GPS) 신발'은 위치를 추적해 길을 잃지 않도록 도와줍니다.

하지만 웨어러블 디바이스 사용 시 주의할 점도 있습니다. 첫째, 개인 정보 보호입니다. 이런 기기들은 개인의 건강 정보와 위치 정보 등 민감한 개인 정보를 수집하기 때문에 보안이 중요합니다. 둘째, 지나친 의존은 자신의 몸 상태를 스스로 판단하는 능력을 떨어뜨릴 수 있습니다.

함께 생각해요!

- 가장 갖고 싶은 웨어러블 디바이스는 무엇인가요? 그 이유는 무엇인가요?
- 웨어러블 디바이스가 학교생활에서 어떻게 활용될 수 있을까요?

미래를 여는 초고속 두뇌, 양자 컴퓨터

양자 컴퓨터의 가능성과 도전

우리가 매일 사용하는 컴퓨터나 스마트폰은 '0'과 '1'이라는 두 가지 숫자만 사용해서 정보를 처리해요. 마치 전등이 '켜졌다', '꺼졌다'를 반복하는 것처럼요. 그런데 만약 동시에 0도 되고 1도 되는 상태를 활용한 컴퓨터가 있다면 어떨까요? 바로 '양자 컴퓨터' 이야기입니다.

양자 컴퓨터는 양자 역학이라는 물리학 이론을 바탕으로 만들어졌어요. 양자 역학에서는 우리 눈에는 보이지 않는 아주 작은 입자들이 신비한 현상을 보여 준답니다. 예를 들어, 하나의 입자가 동시에 여러 곳에 존재할 수 있어요. 마치 한 사람이 학교에도 있고 집에도 있는 것처럼 말이죠. 양자 컴퓨터는 이런 놀라운 성질을 이용해서 엄청나게 빠른 속도로 계산할 수 있어요. 보통 컴퓨터라면 100년이 걸리는 계산도 양자 컴퓨터는 몇 분 만에 끝낼 수 있다고 하니 정말 대단하죠?

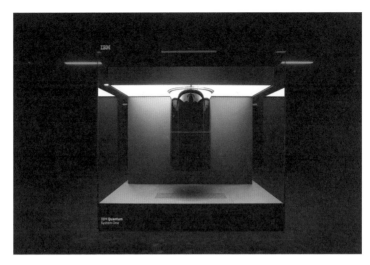

IBM이 2019년에 출시한 양자 컴퓨터.

2021년, 중국의 한 연구팀이 광자(빛 입자)를 이용한 양자 컴퓨터로 매우 복잡한 계산을 단 200초(3분 20초) 만에 끝냈다고 발표했어요. 이 계산은 슈퍼컴퓨터로 약 25억 년이 걸렸을 거라고 하니 정말 놀라운 일이죠. 그래서 IBM이나 구글 같은 세계적인 기업들도 양자 컴퓨터 개발에 많은 투자를 하고 있어요.

하지만 양자 컴퓨터에는 아직 해결해야 할 문제들도 많아요. 예를 들어, 양자 컴퓨터는 영하 273도에 가까운 극저온 상태에서만 작동할 수 있어요. 또한 아주 작은 진동이나 온도 변화에도 민감하게 반응해서 오류가 생기기 쉽습니다. 이러한 문제들을 해결하기 위해 과학자들이 많은 연구를 진행 중이에요.

양자 컴퓨터가 가져올 미래의 변화

양자 컴퓨터가 발전하면 어떤 놀라운 일들이 가능해질까요? 예를 들면, 새로운 약을 개발하는 데 걸리는 시간이 크게 줄어들 수 있어요. 복잡한 분자 구조를 빠르게 분석할 수 있기 때문이죠. 기후 변화 예측이 더욱 정확해지고, 교통 체증을 효율적으로 해결하거나 더 안전한 암호 체계를 만드는 것도 가능해질 거예요.

특히 인공 지능과 결합하면 그 가능성은 더욱 커집니다. 지금보다 훨씬 더 뛰어난 능력을 가진 인공 지능이 등장할 수 있어요. 한편 현재의 암호 체계가 쉽게 뚫릴 위험도 있습니다. 그래서 과학자들은 '양자 암호'라는 새로운 보안 기술을 연구하고 있답니다. 이처럼 양자 컴퓨터는 우리의 미래를 완전히 바꿀 수 있는 잠재력을 가지고 있어요.

우리나라도 양자 컴퓨터 개발에 힘을 쏟고 있어요. 2022년에는 한국과학기술연구원(KIST)이 5큐비트(큐비트는 양자 컴퓨터의 정보 표현 단위) 양자 컴퓨터 시제품 개발에 성공했어요. 정부는 2030년까지 50큐비트급 양자 컴퓨터를 개발하겠다는 목표를 세웠답니다. 이 목표를 달성하기 위해 많은 과학자와 연구자들이 힘을 모아 노력하고 있어요.

함께 생각해요!

- 양자 컴퓨터가 우리 생활을 어떻게 바꿀 수 있을까요?
- 양자 컴퓨터의 발전이 가져올 수 있는 위험은 무엇일까요?

새로운 우주 시대가 열린다

우주 탐사의 새로운 장

얼마 전, 미국 웨스트버지니아주에 있는 미국 국립 자연보호 훈련원(The National Conservation Training Center)의 밤하늘에 놀라운 광경이 펼쳐졌습니다. 수십 개의 밝은 빛이 마치 긴 기차처럼 줄지어 하늘을 가로지르며 빛났죠. 이는 일론 머스크의 스페이스X가 쏘아 올린 '스타링크' 위성들이 수놓은 광경이었습니다. 스페이스X는 위성을 통해 전 세계 어디서나 사용할 수 있는 거대한 통신망 구축을 계획하고 있습니다.

2024년 10월 13일, 스페이스X는 차세대 우주선 '스타십' 발사에 성공했습니다. 미국 텍사스주 보카치카 해변에서 20층 건물 높이만 한 로켓이 하늘로 날아올랐습니다. 발사 후 약 3분이 지나자 '슈퍼헤비'라는 부스터가 분리되어 지상으로 돌아왔고, '메카질라'라는 로봇 팔이 이를 공중에서 정확하게 붙잡는 데 성공했죠. 하늘 높이 솟구쳤던 로켓이 다시 지구로 돌아와 로봇 팔에 안착하

'스타링크' 위성들의 모습.

는 모습은 많은 사람에게 커다란 영감을 주었습니다.

2022년 12월, 우리나라도 우주 강국을 향한 큰 걸음을 내디뎠습니다. 달 탐사선 '다누리'가 약 38만 킬로미터 떨어진 달에서 사진을 찍어서 보냈습니다. 이 사진은 우리나라가 세계 7번째 달 탐사 국가가 되었음을 알렸습니다.

지금까지 우주 탐사는 미국 항공우주국(NASA)이나 러시아의 로스코스모스 같은 국가 기관들이 주도해 왔습니다. 하지만 이제 민간 기업들이 주도하는 시대가 되었습니다. 스페이스X는 이미 여러 차례 우주인을 국제 우주 정거장(ISS)에 보냈고, 아마존의 창업자 제프 베이조스가 이끄는 우주 기업 블루오리진과 영국의 기업인 리처드 브랜슨이 설립한 우주 기업 버진 갤럭틱은 우주 관광의 시대를 열었습니다.

미국 항공 우주국(NASA)은 '아르테미스 프로그램'을 통해 인류를 다시 달에 보내려 하고 있습니다. 특히, 아르테미스 3호는 최초로 여성과 유색 인종 우주 비행사를 달로 보낼 예정입니다. 이 역사적인 임무는 2026년 9월로 예정되어 있으며, NASA는 지속 가능한 기지를 건설하여 달을 화성 탐사의 전진 기지로 활용할 계획입니다.

한편, 화성에서는 NASA가 보낸 로버(Rover, 탐사 이동 장치) '퍼서비어런스'가 연구를 이어가고 있습니다. 특히 이 로버에 탑재되어 화성에 도착한 작은 헬리콥터 '인저뉴이티'가 비행에 성공했습니다. 이는 지구 외의 행성에서 이루어진 최초의 동력 비행이라는 점에서 큰 의미가 있습니다.

우주 쓰레기 문제

하지만 우주 개발의 빠른 발전은 우주 쓰레기라는 새로운 문제를 낳고 있습니다. 수명이 다한 위성이나 로켓 부품들이 지구 궤도를 떠돌며 다른 위성들과 충돌할 위험이 있어요. 과학자들은 이를 '케슬러 증후군(Kessler syndrome)'이라고 부르며, 한 번 충돌이 일어나면 연쇄적으로 더 많은 우주 쓰레기가 생길 수 있다고 경고합니다. 또한 수많은 위성이 천문학 관측을 방해하는 문제도 있습니다. 스타링크 위성들이 밤하늘을 수놓는 모습은 아름답지만, 인공적으로 빛을 내는 물체가 천문학자들의 별 관측 작업을 어렵게 만들고 있죠.

이제는 일반인도 우주여행을 할 수 있는 시대가 되었습니다. 2021년에는 제프 베이조스가 자기가 만든 회사 블루오리진의 우주선을 타고 우주 관광에 성공했습니다. 아직은 비용이 매우 비싸지만, 기술이 발전하고 경쟁이 늘어나면서 점차 더 많은 사람이 우주여행을 할 수 있을 것입니다.

함께 생각해요!

- 우주 쓰레기를 줄일 방법은 무엇이 있을까요?
- 일반인의 우주여행이 가능해지면 우리 생활에 어떤 변화가 생길까요?

4. 모두를 위한 과학 기술이 답이다

인공 지능의 발전과 대응

인공 지능은 인류에게 선물일까요, 재앙일까요?

인공 지능은 지금 새로운 세상을 만들며 큰 화제가 되고 있습니다. 에이 아이(AI)로도 불리는 인공 지능은 컴퓨터나 기계가 인간처럼 생각하고 학습할 수 있게 해 주는 고도의 기술입니다. 인공 지능은 데이터를 분석하고, 패턴을 인식하여 스스로 학습하는 능력을 갖추고 있습니다. 예를 들어, 체스 게임에서 상대방의 수를 예측하거나, 음성 인식을 통해 사람의 목소리를 이해하고 대답할 수 있습니다.

인공 지능 발전의 세 가지 단계

인공 지능은 크게 세 가지 유형으로 나뉩니다. 첫 번째는 '좁은 인공 지능(Narrow AI)'으로 이는 특정 작업을 수행하는 데 특화된 인공 지능입니다. 예를 들어, 음성 인식, 이미지 분석, 특정 게임에서의 전략 수립 등 한정된 업무를 수행합니다. 이들은 해당 분야에

서는 매우 뛰어난 성능을 보이지만, 그 외 분야에서는 효과적이지 않습니다.

두 번째는 일반 인공 지능(General AI)입니다. 이는 인간의 지능을 모방하여 다양한 종류의 문제를 스스로 학습하고 해결할 수 있습니다. 좁은 인공 지능과 달리 다양한 분야에서 인간 수준, 혹은 그 이상의 능력을 갖추고 있습니다.

마지막이 생성형 인공 지능(Generative AI)입니다. 최근 우리를 놀라게 한 챗지피티(chatGPT)가 여기에 해당해요. 이는 새로운 콘텐츠를 생성하는 데 중점을 둔 인공 지능입니다. 데이터를 기반으로 새로운 이미지, 텍스트, 음악 등을 만들 수 있어요.

인공 지능은 우리 생활에 많은 변화를 가져왔습니다. 예를 들어, 스마트폰의 개인 비서 기능, 자동차의 자율 주행 시스템, 인터넷 검색 엔진, 최근에 등장한 퍼플렉시티(Perplexity)같은 답변 엔진(Answer Engine) 등이 인공 지능 기술을 활용하고 있습니다. 이러한 기술은 우리의 삶을 더 편리하고 효율적으로 만들어 주지만, 동시에 일자리 감소와 같은 부정적인 영향도 있을 수 있습니다. 따라서 인공 지능 기술 개발에는 신중한 접근과 함께 윤리적 고려가 필요합니다.

우리 삶을 바꿀 인공 지능의 놀라운 능력

인공 지능은 다양한 분야에서 인간의 삶을 개선하는 데 중요한 역할을 합니다. 무엇보다도 산업 분야 효율성과 생산성을 크게 높여 줍니다. 예를 들어, 인공 지능은 기업이 시장 동향을 빠르고 정확하게 파악할 수 있도록 돕고, 제조 공정에서는 로봇 공학과 결합하여 생산성을 크게 높여 줍니다. 사람이 해야 할 단순 작업을 대신하면서 비용을 줄일 수도 있습니다. 지금도 널리 사용되고 있는 인공 지능 챗봇을 이용한 고객 상담이 대표적입니다. 이는 인간의 노동 부담을 줄이고 오류를 감소시킵니다.

인공 지능은 문제 해결에도 뛰어난 능력을 보여 줍니다. 예컨대 의료 분야에서는 방대한 양의 환자 데이터를 분석하여 정확한 진단을 내리고, 최적의 치료 방법을 제안할 수 있습니다. 기후 변화와 같은 전 지구적 문제를 해결하는 데도 그 능력을 발휘할 수 있어요. 데이터를 분석하고 예측 모델을 제공하여 해결책을 찾는 데 기여합니다.

일자리를 대신하기도 하지만 새로운 시장과 직업을 창출할 가능성도 있습니다. 실제로 인공 지능 개발자, 데이터 과학자, 인공 지능 윤리 전문가 같은 직종이 새롭게 생기고 있어요. 일하는 사람들에게 인공 지능은 위기인 동시에 기회입니다. 인공 지능은 비즈니스, 의료, 교육 등 다양한 분야에서 뛰어난 능력을 발휘합니다. 비즈니스 전략 수립, 정책 결정, 자원 배분, 위험 관리 등에 활용되며, 더 효과적이고 정확한 결정을 가능하게 해요. 교육 분야에서는 개인 맞춤형 학습으로 학생들에 효과적인 학습 기회를 제공하고, 선생님들은 학생 개개인에게 더 집중할 수 있게 됩니다.

슈퍼 인공 지능이 출현한다면

인공 지능 기술은 지금도 하루가 다르게 발전하고 있습니다. 전문가들은 앞으로 한 단계 더 높은 인공 지능, 즉 슈퍼 인공 지능(Super Artificial Intelligence, SAI)이 출현할 것으로 예상합니다. 인간의 지능을 훨씬 넘어서는 능력을 가지게 되는 거예요.

슈퍼 인공 지능은 방대한 양의 데이터를 매우 빠르고 효율적으로 처리하고 분석할 수 있습니다. 인간의 뇌는 한계가 있어 동시에 많은 양의 정보를 처리하고 분석하는 데 어려움을 겪지만, 슈퍼 인공 지능은 그렇지 않습니다. 복잡한 패턴을 식별하고, 유의미한 통찰을 이끄는 데 인간보다 월등한 능력을 발휘할 수 있습니다. 또한 다양한 데이터와 컴퓨터를 연결하여 그 능력을 배가시킬 수 있어요. 마치 똑똑한 사람들이 동시에 한자리에 모여서 저마다의 장점을 발휘하는 것처럼 말이에요.

슈퍼 인공 지능은 또한, 매우 빠른 속도로 새로운 정보를 학습하고, 다양한 상황에 적응할 수 있습니다. 인간은 새로운 지식을 습득하고 적응하는 데 시간이 필요하지만, 슈퍼 인공 지능은 실시간으로 대량의 정보를 학습하고, 이를 빠르게 문제에 적응할 수 있습니다. 또한 복잡한 시뮬레이션과 예측 모델링으로 정확한 예측을 할 수 있습니다. 이는 기후 변화, 경제 동향, 과학적 발견 등 다양한 분야에서 활용될 수 있습니다. 이는 인간의 직관이나 경험보다 훨씬 정확할 거예요.

사람은 24시간 내내 쉬지 않고 일할 수 없습니다. 적절한 휴식이 필요해요. 하지만 슈퍼 인공 지능은 사람처럼 피로를 느끼지 않습니다. 이러한 특성은 재난 대응, 의료 모니터링, 보안 감시 등 지속적인 관찰과 작업이 필요한 분야에서 유용합니다.

슈퍼 인공 지능은 기존의 데이터와 알고리즘을 기반으로 새로운 해결책을 제시합니다. 그래서 인간의 전통적인 사고방식을 벗어난, 혁신적이고 창의적인 해결책이 나올 가능성이 커요. 이를 적용하면 과학적, 기술적 문제 해결이나 새로운 발명품 개발에서 인간의 창의력을 뛰어넘는 성과를 낼 수 있습니다.

이처럼 슈퍼 인공 지능은 인간보다 많은 부분에서 뛰어난 역량을 발휘할 것으로 예상됩니다. 그런 만큼 우리 삶과 사회에 미칠 영향을 신중하게 고려해서 활용할 필요가 있습니다.

미래에 대처하는 현명한 방법

슈퍼 인공 지능은 아직 먼 미래의 일일지도 몰라요. 그러나 언젠가는 지금보다 한 차원 높은 인공 지능이 출현하리라는 사실만큼은 분명합니다. 이는 우리에게 앞으로 있을 문제에 대비할 시간이 있다는 뜻이기도 합니다. 슈퍼 인공 지능이 현실화되었을 때, 우리 인간 사회가 할 수 있는 일은 무엇일까요? 이러한 발전을 안전하게 관리하기 위해 지금 우리가 무엇을 할 수 있을까요?

먼저, 슈퍼 인공 지능의 개발과 도입 속도를 조절하는 방법이 있겠습니다. 기술 발전에 적응할 시간을 제공하고, 예측하지 못한 문제들에 대응할 시간을 마련하는 거예요. 윤리적, 사회적, 법적 측면에서의 준비도 더욱 철저히 할 수 있습니다. 그러려면 명확한 규제와 가이드라인을 마련해야 합니다. 이는 슈퍼 인공 지능이 인간 사회에 미치는 부정적 영향을 최소화하는 데 도움이 됩니다. 예를 들어, 개인 정보 보호, 데이터 보안, 기술의 남용 방지 등을 위한 법적 및 윤리적 틀을 구축하는 방법이 있겠습니다.

사람들이 인공 지능에 관해 잘 알 수 있도록 교육하는 것도 중요합니다. 기술의 발전에 대한 사회적 이해도를 높임으로써, 적응력을 향상시킬 수 있습니다. 여기에는 윤리적·철학적 교육도 포함됩니다. 기술의 발전을 인간의 복지와 발전에 기여하는 방향으로 유도해야 합니다. 기술은 결국 인간을 위한 것이기 때문입니다. 따라서 기술이 사회에 미치는 영향을 파악하고 인간 삶의 질 향상을 최우선 목표로 삼아야 합니다.

인공 지능의 발전은 전 세계적인 현상이므로, 국제적인 협력과 표준화가 필요합니다. 다양한 국가와 조직이 협력하여 공통의 기준을 마련하고, 기술의 안전한 사용과 발전을 위한 네트워크를 구축해야 합니다. 이러한 준비는 기술적인 차원에 머물지 않아요. 사회적·윤리적·법적 고민과 논의가 필요합니다. 우리 삶을 뒤바꿀 고도의 기술을 활용하려면 부정적인 영향을 최소화할 지혜를 마련해야 합니다.

안전한 미래를 위한 가이드라인

인공 지능은 인간의 의사소통 방식을 뒤바꿀 놀라운 잠재력을 지니고 있습니다. 이는 장애가 있는 분들의 삶을 획기적으로 개선시킬 수 있어요. 예컨대, 지체 장애인이 이용하는 휠체어에 센서와 인공 지능을 탑재해서 스스로 안전하게 이동하게끔 하는 것이 가능합니다. 또한 우리 몸의 신경망과 직접 연결해서 몸이 불편해 걷지 못하는 사람들을 걷게 할 수 있습니다. 실제로 이 기술은 시험 단계에까지 와 있다고 해요. 인공 지능은 지체 장애인이나 청각 장애인은 물론 의사소통에 어려움을 겪는 발달 장애인과의 소통에도 큰 도움이 될 수 있습니다. 그러나 이러한 희망적인 예상과 더불어 부정적인 면도 존재합니다. 이는 앞서 말씀드린 자동화 문제와도 비슷해요.

인공 지능 기술이 발전하면서 이를 통제할 장치들에 관한 논의가 많아지고 있습니다. 가이드라인을 마련하여 함께 지킴으로써 안전한 인공 지능 환경을 만들고자 하는 노력도 그중 하나예요. 특히 군사 분야에서 인공 지능의 활용은 가이드라인의 필요성을 절감하게 합니다.

군사 분야에서 인공 지능의 활용 목표는 전투 효율성의 극대화입니다. 예를 들어, 인공 지능 기반의 드론 기술은 정밀한 타격 능력을 제공하며, 인공 지능 감시 시스템은 적의 움직임을 신속하게 감지할 수 있습니다. 또한, 대량의 군사 데이터를 분석하여 작전 계획 수립에 도움을 줄 수 있습니다.

하지만 이러한 방식은 윤리적·법적 문제를 일으킵니다. 국제 사회에서는 전쟁 범죄를 방지하고, 인도주의적 가치를 보호하기 위한 여러 조약과 규정이 있습니다. 예를 들면, 제네바 협약은 전쟁 중 민간인과 포로에 대한 보호를 규정하고 있으며, 특정 무기의 사용을 제한하는 조약도 있습니다.

이런 상황에서 일단 이기고 보자는 심산으로 국제 규범을 무시할 가능성이 있는 것입니다. 인공 지능이 전쟁을 좌우하는 필수 요소가 되었을 때, 국제 규범을 어기면서 이를 무제한으로 활용하려는 시도가 있을 수 있어요. 이는 나라 간 군사 경쟁을 더욱 치열하게 만들고, 국제 안보를 위험에 빠뜨릴 수 있습니다.

따라서 국제 사회는 인공 지능의 군사적 사용에 관한 명확한 가이드라인과 규제를 마련해야 합니다. 이는 기술의 발전을 제한하는 것이 아니라, 인류의 안전과 인권을 보호하기 위한 필수 조치입니다. 가이드라인을 만들고 이를 효과적으로 작동시키기 위한 국제적인 협력과 감시 체계가 필요합니다.

물론 국제적인 가이드라인 수립은 쉽지 않은 과제입니다. 나라마다 이해관계, 안보 상황, 기술 발전 수준 등이 다르기 때문입니다. 그러나 지속적인 논의와 협력으로 이러한 난관을 극복할 수 있지 않을까요? 어차피 미래에 맞부딪칠 문제라면 미리 지혜를 모으는 게 현명한 일입니다.

함께 생각해요!

- 오늘 나의 일과 중 인공 지능을 활용했으면 좋겠다는 부분이 있나요? 있다면 그 이유는 무엇인가요?
- 앞으로 인공 지능이 우리 일상생활에 어떤 변화를 가져올까요?
- 인공 지능이 인간의 창의성이나 감정을 이해하거나 모방할 수 있을까요?

내일의 직업을 동사로 만나다

변화하는 일자리

"인공 지능이 발달하면 우리의 일자리가 없어질까요?", "앞으로
어떤 직업을 가져야 할까요?"

많은 사람들이 이런 고민을 하고 있을 거예요. 과학 기술이 빠
르게 발전하면서 일자리도 크게 달라지고 있기 때문이에요. 하지
만 너무 걱정하지 마세요. 세계경제포럼(WEF)의 2023년 '일자리의
미래 보고서'에 따르면, 향후 5년간 약 8,300만 개의 일자리가 사
라지고, 동시에 약 6,900만 개의 새로운 일자리가 생겨날 것으로
전망된다고 합니다. 엄청나게 큰 변화가 일어나는 상황이지요. 이
처럼 새로운 기술은 기존 직업을 대체하면서도 동시에 새로운 기
회를 만들어 냅니다. 디지털 기술과 인공 지능의 발달로 은행 창
구 직원이나 데이터 입력원 같은 단순 반복적인 일은 줄어들 수
있어요. 하지만 그 자리를 인공 지능 윤리 전문가, 디지털 웰빙 컨
설턴트, 메타버스 건축가처럼 새롭고 흥미로운 직업들이 생겨나면

서 채워 갈 거예요.

앞으로는 데이터 과학자나 인공 지능 트레이너, 메타버스 크리에이터, 디지털 웰빙 전문가, 우주 관광 가이드 같은 직업들이 주목받을 거예요.

데이터 과학자는 많은 양의 빅데이터 속에서 중요한 정보를 분석하고 의미 있는 결과를 찾아내는 전문가예요. 기업의 중요한 의사 결정을 돕거나, 질병을 예측하고, 기후 변화를 분석하는 등 다양한 분야에서 중요한 역할을 해요.

인공 지능 트레이너는 인공 지능이 더 똑똑하고 윤리적으로 행동하도록 가르치는 선생님 같은 직업이에요. 인공 지능이 편견 없이 올바른 판단을 하도록 관리하고 훈련시킵니다.

메타버스 크리에이터는 가상 세계 속 건축가이자 디자이너 같은 사람들을 말해요. 이들은 메타버스에서 멋진 건물을 짓고, 새로운 옷을 디자인하며, 신나는 이벤트를 기획하는 일을 합니다. 현실 세계에서 활동하는 창작자들처럼 디지털 세상을 아름답게 만들어가죠.

디지털 웰빙 전문가는 디지털 기기 사용으로 생기는 스트레스나 건강 문제를 해결해 주는 상담사예요. 여러분도 스마트폰이나 컴퓨터를 많이 사용하면서 스트레스를 느낀 적이 있을 거예요. 이럴 때, 디지털 웰빙 전문가는 건강한 디지털 생활 습관을 만들도록 도와줍니다.

언젠가 우주여행이 일반화되면, 우주 관광객들을 안전하게 안내하고 교육하는 전문가가 필요할 거예요. 우주 관광 가이드는 이럴 때 지구 밖의 우주에서 다양한 활동과 멋진 경험을 즐길 수 있도록 도와주는 직업이죠.

미래 직업의 핵심

미래 직업에는 한 분야만 깊이 아는 것보다 여러 분야를 넘나들며 새로운 가치를 창출할 수 있는 능력이 중요해져요. 예를 들어, 의료 인공 지능 전문가는 의학 지식과 프로그래밍 실력을 모두 갖추어야 합니다. 이러한 융합형 인재는 4차 산업 혁명 시대에 특히 중요합니다. 기술과 산업의 경계가 허물어지면서, 다양한 분야의 지식과 경험을 융합해야 혁신을 이끌 수 있기 때문입니다. 융합형 인재가 되려면 다양한 분야에 대한 관심과 학습이 필요합니다.

그리고 기술이 빠르게 변하기 때문에, 끊임없이 새로운 것을 배우려는 자세가 필요해요. 예전에는 앱 개발자나 유튜버 같은 직업을 상상도 못 했지만, 지금은 주변에서 흔히 볼 수 있는 직업이 되었죠. 이처럼 새로운 직업이 계속 생겨나고 있으니, 평생 학습을 통해 변화에 적응하는 것이 중요합니다.

인공 지능은 반복적이고 규칙적인 작업을 효율적으로 수행할 수 있지만, 창의적인 문제 해결이나 따뜻한 감정 교류는 여전히 사람만이 할 수 있어요. 감성 인공 지능 기술이 발전하고 있지만, 인간의 복잡한 감정을 완벽하게 이해하고 공감하는 데에는 아직 부족함이 있어요. 창의성과 감성은 인간만이 지닌 고유한 능력으로, 인공 지능 시대에도 그 중요성이 계속 강조되고 있습니다.

준비하는 미래, 만드는 내일

미래의 유망 직업을 준비하는 것도 좋지만, 자기가 좋아하고 행복할 수 있는 일을 찾는 것이 무엇보다 중요합니다. 직업은 시대에 따라 새롭게 생겨나기도 하고, 없어지기도 합니다. 하지만 어떤 일을 하고 싶은지가 결정되면, 그에 맞는 직업을 찾아갈 수 있답니다. 다른 사람들을 돕는 일을 하고 싶으면 다양한 직업들 중 그것을 선택하면 되는 것이거든요. 스포츠, 의료, 연예, 사회 복지, 정치, 언론 등 무수히 많은 분야에서 내 행복을 찾아갈 수 있는 직업들이 있거든요. 이왕이면 여러분이 선택한 일이 사회에도 유익하다면 더욱 좋겠지요. 모든 직업은 사회를 이루는 퍼즐의 한 조각이며, 각자의 역할을 통해 사회가 조화롭게 운영됩니다. 그러니 흥미와 적성에 맞는 일을 찾고, 그 분야에서 보람과 행복을 느끼는 것이 중요합니다.

기술은 계속 변화하겠지만, 창의성, 공감 능력, 비판적 사고력은 언제나 가치 있을 거예요. 이러한 능력을 키우면서 동시에 새로운 기술과 지식을 습득하는 균형 잡힌 준비가 필요합니다.

또한, 변화에 유연하게 대응할 수 있는 적응력을 기르는 것도 중요해요. 미래는 예측할 수 없는 변화가 많을 테니까요. 끊임없이 배우고 성장하는 자세로 미래를 맞이한다면, 어떤 변화가 와도 잘 대처할 수 있을 거예요.

함께 생각해요!

- 10년 후에는 어떤 새로운 직업이 생길까요?
- 인공 지능과 함께 일하는 미래 사회에서 우리에게 가장 필요한 능력은 무엇일까요?
- 여러분이 진정으로 좋아하고 행복하게 할 수 있는 일은 무엇인가요?

과학 기술과 행복 찾기

고대 이집트의 파라오들은 영원한 삶을 꿈꾸며 자기 몸을 미라로 만들었습니다. 그러면서 죽음을 이겨내고 영원히 살 거라 믿었지만, 현재 그들의 미라는 대부분 박물관에 전시되어 있을 뿐입니다. 만약 이집트 파라오들이 본인들의 미라가 이렇게 박물관에 전시될 것을 미리 알았다면 어떤 일이 벌어졌을까요?

미국 메트로폴리탄 박물관에 전시된 미라의 외관.

불멸을 꿈꾼 고대인이 전하는 교훈

이집트 파라오의 미라는 불멸에 대한 인간의 욕망과 당시 과학 기술의 발전상을 보여 줍니다. 하지만 역설적으로 인간의 욕망과 과학 기술이 늘 좋은 결과만 가져오지는 않는다는 점도 알려 줍니다. 새삼 인간이 미래를 예측하고 대비하는 것이 얼마나 어려운 일인지도 생각해 보게 됩니다.

과학 기술의 발전은 우리 삶에 많은 혜택을 주지만, 때로는 예상치 못한 부정적인 결과를 가져올 수도 있습니다. 예를 들어, 플라스틱은 매우 유용한 발명품이지만, 환경 오염과 쓰레기 문제를 불러왔습니다. 스마트폰과 인터넷은 정보와 의사소통의 혁명이었지만, 과도한 사용은 대인 관계의 질 저하와 중독 문제를 낳고 있습니다.

미래를 알았더라면 고대 이집트 파라오들의 선택은 달랐을까요? 아마도 그들은 여전히 영원한 삶을 추구했을 것입니다. 왜냐하면 인간은 미래에 대한 불확실성에도 불구하고 자신의 욕망을 추구하는 경향이 있기 때문입니다. 우리는 미래를 알지 못하지만, 그럼에도 계속해서 새로운 것을 시도하고 발전을 추구합니다. 이것은 인간의 본성이자, 과학 기술 발전의 원동력이기도 해요.

이런 상황일수록 책임감 있는 선택이 중요합니다. 우리의 행동이 장기적으로 어떤 결과를 초래할지 예측하기 어렵기에, 최대한 신중하고 윤리적인 결정을 내려야 합니다. 이는 우리 자신과 지구의 환경과 지속 가능한 발전을 위해서도 꼭 필요한 태도입니다.

과학 기술의 빛과 그림자

과학 기술의 발전은 우리의 삶에 커다란 변화를 가져왔습니다. 긍정적인 면을 먼저 살펴보면, 우선 농업 기술의 발달로 우리는 굶주림에서 벗어날 수 있었고, 의학 기술의 발전으로 많은 질병을 퇴치할 수 있었습니다. 기계화와 자동화는 빈곤 문제를 줄이는 데 이바지했으며, 다양한 기술의 발전은 사고와 위험으로부터 우리를 보호해 주었습니다. 자연 재난으로부터의 보호, 삶의 질 향상, 지식과 정보의 공유도 빼놓을 수 없는 과학 기술의 성과입니다. 오늘날 인공 지능은 우리가 해결하지 못한 여러 문제를 해결하는 데 큰 도움을 주고 있습니다.

산업화와 도시화의 가속화, 그리고 엘리베이터와 같은 혁신적인 발명품의 등장은 고층 건물이 들어선 도시를 만들었고, 전화와 같은 기본 통신 기술의 발달은 효율적인 소통을 가능하게 했습니다. 여러분 주변에 있는 초고층 건물을 한번 생각해 보세요. 엘리베이터 없이 계단으로 올라 다니다 보면 힘든 건 둘째 치고 걷다가 하루가 다 갈 겁니다. 전화나 다른 소통의 방법이 없다면, 메시지를 전달하기 바빠서 제대로 일을 못 할 거예요.

하지만, 이러한 발전에는 부작용도 있습니다. 환경 오염과 지구 자원의 고갈, 심각한 기후 변화의 문제입니다. 핵기술의 위험성, 유전자 조작과 관련된 생물학적 위험, 디지털 보안과 개인 정보 유출 위험도 큰 걱정거리입니다. 인공 지능의 위험성, 사회적 분열과 중독, 건강 문제도 과학 기술의 부정적인 영향으로 볼 수 있습니다.

이처럼 과학 기술은 우리 삶을 윤택하게 하지만, 동시에 새로운 도전과 문제들을 가져왔습니다. 과학 기술 발전의 긍정적인 면과 부정적인 면을 모두 이해하고, 앞으로 어떻게 더 나은 방향으로 활용할 수 있을지 생각해 보는 것이 중요합니다.

산업 혁명 이후 화석 연료의 사용은 대기 오염, 산업 폐수로 인한 수질 오염, 그리고 토양 오염을 심화시켰습니다. 대표적인 사례가 1952년 런던에서 발생한 그레이트 스모그(The Great Smog)입니다. 두꺼운 스모그로 인해 수많은 사람들이 목숨을 잃고, 도시가 마비 상태에 이르게 되었습니다. 이는 석탄 사용 증가로 인한 대기

오염이 그 원인이었습니다. 약 4,000여 명이 죽고 10만여 명 이상
이 질병에 걸린 사건이었습니다. 이후 영국은 대기 오염을 막고자
법률을 제정하고 다양한 정책을 시행했습니다. 이 정도는 아니지
만, 가끔 우리나라에서 높은 미세 먼지 수치를 보면서 이 사건이
떠오른답니다.

환경 문제뿐만이 아니라 노동자들의 과로와 안전 문제, 사회적
불평등의 증가도 산업 혁명 시기의 부정적인 면모였습니다. 특히

어린이 노동은 당시 큰 문제였으며, 많은 어린이가 과도한 노동에 시달렸습니다. 하루에 무려 12시간 이상 일하는 경우도 많았고, 사고로 인해 사망하거나 부상을 당하는 경우도 많았어요. 한창 학교에서 공부해야 할 아이들이 중노동에 시달린 겁니다. 이에 영국은 1847년에 '10시간 노동법'을 제정합니다. 한편 급격한 도시 성장과 적절한 주거 지역 및 인프라의 부족은 빈민가 형성, 빈곤, 질병 등 다양한 도시 문제를 일으켰으며, 이러한 상황은 전염병의 확산을 촉진했습니다.

이러한 역사를 돌아보면 여러 모순을 발견하게 됩니다. 사람들을 편리하게 하려고 물건을 만들고 공장을 지었지만, 결국엔 소수의 배만 불리고 실제로는 사람들을 더 열악한 상황에 빠뜨렸습니다. 사람들에게 물질적인 풍요를 안겨 준 산업 혁명이 한편으로는 빈민가를 만들고, 많은 사람이 빈곤과 질병에 시달리게 했으니 말이에요.

오늘날 스마트폰과 인터넷 환경도 비슷한 문제를 던져 주었습니다. 스마트폰으로 언제 어디서든 손쉽게 원하는 정보를 얻을 수 있을 거로 예상했지만, 실제로는 디지털 격차를 낳았어요. 정보와 교육의 기회에서 소외되는 사람들이 생겨요. 사람마다 디지털 기술에 접근하고 활용하는 능력이 다르기 때문입니다. 예를 들어, 스마트폰 사용에 어려움이 있는 노약자 등이 정부 서비스나 사회적 혜택을 받지 못하는 경우가 그렇습니다. 기술을 잘 활용할 수 있는 사람과 그렇지 못한 사람 사이의 격차는 여러 불평등 문제를 낳고 있습니다.

무엇이 적정하고 선한 과학 기술일까?

과학 기술은 도구입니다. 우리가 어떻게 사용하느냐에 따라서 도움이 되기도 하고 거꾸로 우리를 힘들게 만들기도 해요. 그렇다면 어떤 과학 기술이 '좋은 과학 기술'일까요? "소 잃고 외양간 고친다"라는 속담이 있습니다. 문제가 발생한 후에야 해결책을 찾는 것을 뜻해요. 과학 기술도 마찬가지예요. 정말 좋은 과학 기술은 미리 문제를 예측하고 방지합니다. 예를 들어, 자동차의 안전벨트가 그렇습니다. 사고를 수습하는 게 아니라, 예방하기 위해 만들어진 과학 기술이에요. 몇 가지 예를 더 들어 볼까요?

과거에는 교통사고가 발생한 후에야 사고의 원인을 분석하고 안전 조치를 강화했습니다. 그러나 현재는 차량에 자동 긴급 제동 시스템(AEB: Autonomous Emergency Braking)을 장착하여 사고를 미리 방지합니다. 사이버 공간에서 일어나는 사고도 그렇습니다. 일단 피해가 발생한 후에 대응하는 것은 많은 시간과 비용을 초래할 수 있습니다. 그래서 많은 기업이 침입 방지 시스템(IPS: Intrusion Prevention System) 같은 사전 예방 과학 기술을 도입하고 있습니다. 이러한 시스템은 네트워크 현황을 실시간으로 감시하고, 의심스러운 활동이 감지되면 자동으로 차단하여 피해를 미리 막습니다.

유전자 검사로 암 발생 가능성이 큰 유전자를 가진 사람들을 선별하여 정기적인 검진과 건강 관리로 예방하는 사례도 그렇습니다. 이는 문제가 발생한 후에 치료하는 것보다 훨씬 효과적입니다. 이처럼 사전에 문제를 예측하고 예방하는 과학 기술들은 우리의 삶을 안전하고 건강하게 만드는 데 큰 역할을 합니다.

윤리적인 고려는 과학 기술 개발에서 매우 중요합니다. 과학 기술이 사람들에게 어떤 영향을 미칠지, 특히 인공 지능이 사람의 일자리를 빼앗지 않을지 살펴보고 약자나 소수자에게 부정적인 영향을 끼치지 않도록 신중하게 설계하는 것이 필요합니다.

예를 들어, 자율 주행 자동차는 교통사고를 줄이고 교통 체증을 완화할 수 있지만, 동시에 택시 기사나 트럭 운전사의 일자리를 위협할 수 있습니다. 얼굴 인식 과학 기술도 그렇습니다. 이 과학 기술은 보안과 범죄 예방에 유용하지만, 프라이버시 침해와 인종 차별 같은 문제가 발생할 수 있습니다. 실제로 몇몇 연구에서는 얼굴 인식 과학 기술이 흑인이나 다른 소수 인종의 얼굴을 잘못 인식하는 비율이 높다는 결과를 보였습니다. 이는 소수자들이 부당하게 범죄자로 몰리거나 불공평한 대우를 받을 위험이 있다는 것을 의미합니다.

어떤 과학 기술이 장기적으로 어떤 부작용을 일으킬 수 있는지 예측하고 대비하는 것이 매우 중요합니다. 한 예로, 핵에너지는 매우 강력한 에너지원으로 적은 양의 연료로도 막대한 에너지를 생산할 수 있지만, 누출 사고 등이 발생하면 엄청난 피해를 끼치기에 사고 예방에 각별히 유의하면서 매우 신중하게 다루어야 합니다.

실제로 1986년에 발생한 체르노빌 원자력 발전소 사고는 대규모 방사능 유출로 인해 수십만 명의 건강과 환경에 심각한 피해를 입혔습니다. 2011년 후쿠시마에서는 지진과 쓰나미에 이은 핵발전소 폭발 사고가 있었습니다. 많은 주민이 대피해야 했고, 방사능 오염으로 농업과 어업이 큰 피해를 입었습니다. 지금도 수습이 제대로 안 되고 있어요. 후쿠시마 핵발전소 사고는 현재 진행형입니다. 앞으로 언제 끝날지 아무도 몰라요. 이러한 사례들은 핵에너지가 가지는 잠재적 위험을 극명하게 보여 줍니다.

지속 가능성은 과학 기술 개발에서 매우 중요한 고려 사항입니다. 어떤 과학 기술이든 환경에 해를 끼치지 않으면서도 미래 세대에게 유용할 수 있도록 개발되어야 합니다.

최근 몇 가지 사례를 살펴보겠습니다. 미국 캘리포니아는 2020년에 주 전체 에너지 소비량의 19%를 태양광 에너지로 충당했습니다. 새로운 주택에 태양광 패널 설치를 의무화하는 법을 시행하여, 주거용 태양광 발전을 크게 확대했습니다. 이는 주 전체의 탄소 배출을 줄이고, 주민들에게 전기 요금 절감의 혜택을 제공하고 있습니다. 덴마크는 해상 풍력 발전의 선두 주자로, 2021년에는 전력의 50% 이상을 풍력에서 얻었습니다. 덴마크의 새로운 해상 풍력 단지인 크리거스 플락(Kriegers Flak)은 약 60만 가구에 전기를 공급할 수 있습니다. 이 프로젝트는 덴마크가 2050년까지 완전한 재생 에너지 전환 목표를 달성하는 데 중요한 역할을 하고 있습니다. 이러한 재생 가능 에너지를 더욱 발전시키고 확산시키는 것은 환경 보호와 지속 가능한 발전을 위해 필수적입니다.

과학 기술의 발전은 교육과 정보 공유를 혁신적으로 변화시켰습니다. 인터넷과 스마트폰을 통해 사람들은 더 많은 것을 배우고 세상을 더 잘 이해할 수 있게 되었습니다. 예컨대 코로나19 팬데믹 기간 많은 학교와 대학이 문을 닫으면서 온라인 교육이 급격히 확대되었습니다. MIT와 하버드 대학교는 강의를 온라인으로 제공했고, 다양한 학습 플랫폼과 교육 앱이 등장했습니다.

이는 사람들이 언제 어디서나 학습할 수 있게 도와주었어요. 전 세계 공공 도서를 디지털화하여 무료로 제공하는 구텐베르크 프로젝트(Project Gutenberg)와 미국 디지털 공공 도서관(DPLA)은 독서와 학습의 기회를 넓혔습니다. 대규모 공개 온라인 강좌 무크((MOOC)는 전 세계 사람들에게 고품질의 교육을 제공하는 등 인터넷과 스마트폰은 교육과 정보 공유를 크게 확장시켰습니다.

마지막으로, 다양성과 포용성도 중요합니다. 과학 기술은 모든 사람의 요구와 상황을 고려하여 개발되어야 합니다. 예를 들어, 장애인 접근성이 높은 과학 기술은 사회 전체에 긍정적인 영향을 미칩니다. 예를 들어, 애플의 스마트폰 운영 체제인 아이오에스(iOS)에는 시각 장애인을 위한 'VoiceOver' 기능이 있어, 사용자가 화면의 내용을 음성으로 들을 수 있습니다. 또한, 'AssistiveTouch' 기능을 통해 터치스크린을 사용하기 어려운 사용자들도 쉽게 기기를 조작할 수 있습니다. 마이크로소프트사는 'Seeing AI'라는 앱을 개발하여 시각 장애인들이 카메라를 통해 주변 환경을 더 잘 이해할 수 있도록 돕고 있습니다. 이 앱은 텍스트를 읽어 주고, 사람의 얼굴을 인식하여 감정을 설명해 주며, 물건을 분류해 줍니다.

구글은 'Live Transcribe'라는 앱을 통해 청각 장애인들이 실시간으로 대화를 자막으로 볼 수 있도록 지원합니다. 또한, 구글 맵은 휠체어 접근이 가능한 경로를 표시하는 기능을 추가하여 이동에 어려움을 겪는 사람들에게 큰 도움을 주고 있습니다. 이처럼 과학 기술은 다양성과 포용성을 고려하여 개발될 때, 모든 사람에게 더 나은 삶의 질을 제공할 수 있습니다.

과학 기술의 발전은 많은 혜택을 가져다주지만, 윤리적 고려와 사전 예방, 지속 가능성, 포용성을 고려한 접근이 필요합니다. 우리가 사전에 문제를 예측하고 대비하는 과학 기술들을 활용하며, 윤리적 고려와 지속 가능한 발전을 추구할 때, 과학 기술은 더욱 안전하고 유익한 방향으로 나아갈 수 있습니다.

우리는 과학 기술의 발전 덕분에 물질적으로 풍족한 시대에 살고 있습니다. 그 어느 세대보다 더 편리하고 풍요로운 생활을 누리고 있어요. 하지만 우리는 행복한가요? 행복이란 무엇이며, 과학 기술이 진정으로 우리를 행복하게 만드는지 고민해 볼 필요가 있습니다.

예를 들어, 최근 코로나19 팬데믹 동안 많은 사람이 비대면 생활을 하게 되면서 인터넷과 스마트폰의 중요성이 더욱 커졌습니다. 줌(Zoom)과 같은 화상 회의 앱은 사람들이 집에서 일하고, 학교 수업을 온라인으로 듣고, 친구들과 비대면으로 소통할 수 있게 도움을 주었습니다. 이러한 과학 기술들은 우리의 생활을 편리하게 만들었지만, 또 한편으로는 이로 인해 많은 사람이 우울증과 불안감을 호소하기도 했습니다.

다른 예로, 소셜 미디어의 발달은 사람들에게 정보와 소식을 빠르게 전달하고, 다양한 사람들과 소통할 수 있게 해 주었습니다. 하지만, 소셜 미디어의 과도한 사용은 자신을 다른 사람들과 비교하게 만들고, 이로 인해 자존감이 낮아지고 우울증이 증가하는 부작용이 나타났습니다. 연구에 따르면, 소셜 미디어 사용 시간과 우울증, 불안감 사이에 상관관계가 있다는 결과가 나왔습니다.

이처럼 과학 기술이 제공하는 물질적인 풍요로움과 편리함이 반드시 행복을 의미하지는 않습니다. 진정한 행복은 외부적인 요소가 아니라 내부적인 만족감과 균형 잡힌 삶에서 오는 것입니다.

최근 연구에 따르면 사람들은 물질적인 것보다 관계와 경험에서 더 큰 행복을 느낀다고 합니다. 여행과 같이 새로운 경험을 통해 더 깊은 만족과 행복감을 느낄 수 있다고 하네요. 새로운 장소를 방문하고, 새로운 사람들을 만나며, 새로운 음식을 경험하는 것들이 모두 우리의 행복에 큰 영향을 미친다는 것입니다. 친구들과 함께하는 시간, 가족과의 대화, 새로운 경험과 모험은 우리에게 큰 기쁨과 만족을 줍니다.

결국, 행복은 각자가 느끼고 결정하는 것입니다. 과학 기술은 우리 삶을 풍요롭게 하지만, 행복은 주변 사람들과의 관계를 강화하고, 다양한 경험을 쌓으며, 자신의 감정과 생각을 이해하려 노력해야 합니다. 이렇게 할 때 진정한 행복을 찾을 수 있을 것입니다.

함께 생각해요!

- 사람에게 가장 영향을 많이 준 과학 기술은 무엇이라고 생각하나요? 왜 그렇게 생각하는지 서로 이야기해 보아요.
- 우리 삶을 행복하고 풍요롭게 하려면 과학 기술을 어떻게 활용해야 할까요?

인공 지능 시대의 도전과 우리의 역할

오늘날 인공 지능의 발전이 빨라지면서 그 역할이 점점 커지고 있습니다. 이는 우리 삶을 더욱 풍요롭게 만들고 있지만, 동시에 많은 도전과 변화를 가져오고 있어요. 과학 기술이 발전하면서 사람들은 더 많은 것을 소유하고, 혜택을 최대한 누리려는 욕구를 가지게 되는데, 이는 때때로 중독으로 이어지고 있거든요. 또한 우리의 뇌는 주어진 환경에서 효율적으로 작동하도록 설계되었기에, 급속한 과학 기술 발달과 충돌을 겪게 됩니다.

그렇다면 우리가 할 수 있는 것과 앞으로 해야 할 일은 무엇일까요? 중요한 것 중 하나는 '메타 인지'의 개념을 이해하고 그 중요성을 깨닫는 것입니다. 메타 인지란 자기 생각과 학습 과정을 이해하고 조절하는 능력을 의미합니다. 이는 과학 기술과의 관계에서 우리가 더욱 현명하게 행동하고, 올바른 의사 결정을 내리는 데 필수적입니다.

다행히도 아직 우리에겐 시간이 있습니다. 우리가 원한다면, 다양한 과학 기술의 주도권을 잡고 그 방향을 결정할 수 있습니다. 그러려면 과학 기술이 제공하는 이점과 잠재적 위험을 정확히 파악하고, 일상생활과 사회 참여의 모든 영역에서 올바른 학습과 사고, 행동을 실천해야 합니다.

우리는 지금 엄청난 변화의 시대에 살고 있습니다. 청소년 여러분은 이 변화에 적극적으로 참여하고 영향을 미칠 수 있는 위치에 있어요. 과학 기술은 단순히 도구일 뿐, 그것을 어떻게 사용할지는 우리의 선택에 달려 있기 때문입니다. 우리의 목표는 과학 기술을 이용해 인류와 사회에 긍정적인 영향을 미치고, 지속 가능한 미래를 만드는 것입니다.

이 책을 읽는 여러분 모두가 과학 기술과 함께 성장하며, 지혜롭고 윤리적인 방법으로 그것을 활용할 수 있기를 바랍니다. 여러분의 선택과 행동이 우리 모두의 미래를 밝힐 것입니다.

임완수 드림

이미지 출처와 페이지